JN440946

과기부 추천

중등 수학 공식 100

과기부 추천
중등 수학 공식 100

초판 1쇄 인쇄일 2026년 1월 23일
초판 1쇄 발행일 2026년 2월 3일

지은이 박구연
펴낸이 김지영 펴낸곳 지브레인Gbrain
편 집 김현주
마케팅 조명구 제작 · 관리 김동영

출판등록 2001년 7월 3일 제2005-000022호
주소 04021 서울시 마포구 월드컵로7길 88 2층
전화 (02)2648-7224 팩스 (02)2654-7696

ISBN 978-89-5979-813-1(03410)

• 책값은 뒤표지에 있습니다.
• 잘못된 책은 교환해 드립니다.

과기부 추천

중등

수학 공식 100

박구연 지음

지브레인

머리말

혹시 우리나라 밤하늘에서도 오로라를 볼 수 있다는 사실을 알고 있는가?

보통 북극권에서나 볼 수 있다고 여겨졌던 이 환상적인 빛의 커튼이, 최근 영천과 거창, 강원도 화천 등 우리 주변에서도 포착되었다. 태양에서 날아온 입자가 지구 대기와 충돌하며 만들어낸 이 우주의 현상은, 아는 만큼 더 깊이 보인다. 단순히 '예쁘다'고 느끼는 데서 그치지 않고 원리를 이해하는 순간, 밤하늘은 이전보다 훨씬 더 입체적이고 찬란하게 다가온다.

수학도 이 오로라와 닮아 있다. 고대 그리스 이래로 인류는 철학과 함께 수학이라는 렌즈를 통해 세상을 탐구해왔다. 특히 인공지능이 일상이 된 지금, 수학은 더 이상 문제 풀이만을 위한 과목이 아니다. 챗GPT와 같은 인공지능이 작동하는 설계도이자, 우리가 누리는 첨단 기술을 움직이는 보이지 않는 엔진이다.

인공지능과 대화하며 새로운 해답을 찾아야 하는 시대에, 수학적 사고력은 가장 강력한 자산이 된다.

《과기부 추천 중학 수학 공식 100》은 과학기술정보통신부가 선정한 필수 공식 가운데, 중학교 과정에서 반드시 알아야 할 100가지를 엄선한 책이다. 기초적인 공식부터 다음 단계로 이어지는 선행 공식까지, 수학이라는 세계를 차근차근 이해할 수 있도록 구성했다.

이 책은 공식을 나열해 암기를 요구하지 않는다. 공식이 탄생한 배경과 핵심 아이디어를 함께 담아, 무작정 외우는 수학이 아니라 원리를 이해하는 수학으로 안내한다. 때로는 해외 교과서에 등장하는 색다른 공식도 함께 소개해, 수학의 폭넓은 얼굴을 보여주고 있다.

초등학교에서의 규칙 찾기가 고등학교의 등차 · 등비수열로 이어지듯, 수학은 끊임없이 연결되는 하나의 세계다. 교육과정의 변화로 교과서에서 잠시 사라진 공식이 있더라도 그 논리적 가치는 변하지 않는다. 오히려 그러한 공식들이 사고력을 더욱 단단하게 만들어 준다.

수학을 매우 잘하게 되는 비결은 없다. 그러나 즐겁게 수학을 만나고 수학의 넓은 세계를 향해 걸어갈 수 있는 길은 분명히 존재한다.

이 책이 중학 수학의 기초를 다지면서 더 넓은 수학의 세계로 나아가는 단단한 주춧돌이 되기를 바란다.

박구연

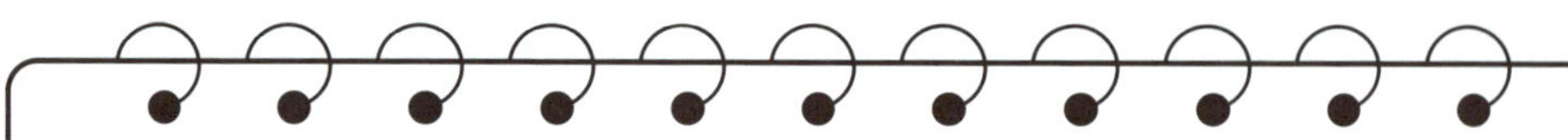

차례

핵심 중의 핵심 공식 중2 과정

고등 수학을 위한 다리 중3 과정

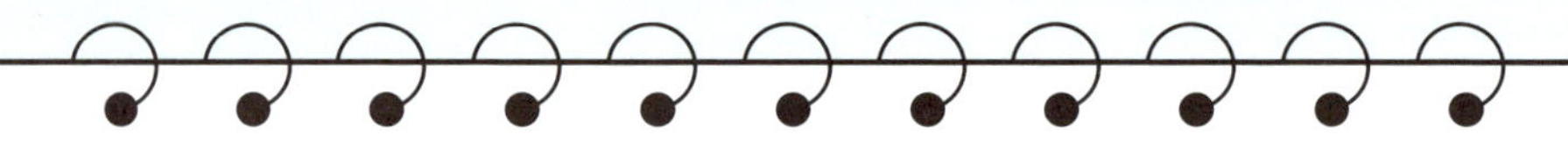

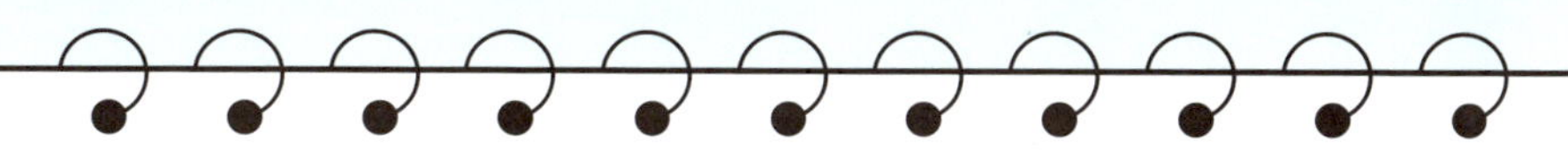

아는 만큼 즐기는 고등 선행

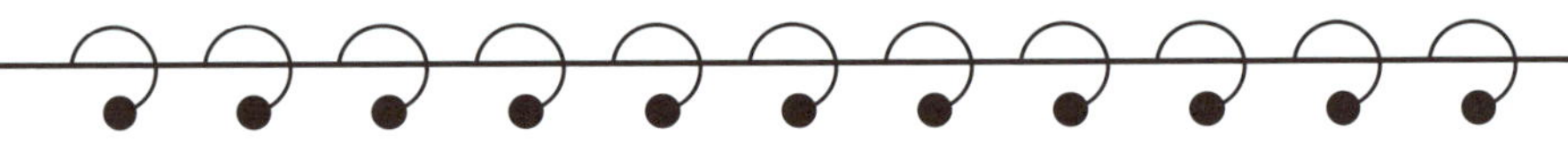

$$l = \frac{2\pi^2 B}{V} s \sigma^2 V^2 = \frac{p\sigma^2 V}{2B} = \frac{p\sigma^2}{2pV}$$

$$l = l_1 + l_2 +$$

$$V_e = \sqrt{\frac{2GM}{R}}$$

$$k = \sqrt{l/m}$$

$$\frac{dN}{dt} = -\lambda N$$

$$mg'_\theta = mg - m\omega^2 R \cos^2\theta$$

$$B = [Z m_p + (A - Z) m$$

$$V = l \times w \times h$$

$$\frac{1}{F} = \frac{1}{f_1} + \frac{1}{f_2}$$

$$\frac{1}{\lambda} = RZ^2 \left[\frac{1}{n^2} - \frac{1}{m^2}\right]$$

$$f(x) = \frac{a}{x}$$

$$E_p = \frac{1}{4\pi\epsilon_0} \frac{qx}{(a^2 + x^2)^{3/2}}$$

$$V = \pi r^2 \times h$$

$$N = N_0 / 2^n$$

$$B = \frac{\mu_0 i}{4\pi d} (\cos\theta$$

$$p_1 = p_0 \sin$$

$$p_2 = p_0 s$$

수학의 기본을 다지는

중1 과정

1 약수의 개수 공식

공식

$a^m b^n$의 약수의 개수는 $(m+1)(n+1)$개이다.

정리

어떤 수를 소인수 분해하여 $a^m b^n$으로 나타냈을 때 약수의 개수는 $(m+1)(n+1)$이다.

예를 들어 108을 소인수분해하자. 108은 $2^2 \times 3^3$으로 소인수분해된다. 이때 소인수 2와 3은 각각 지수가 2와 3이므로 약수의 개수는 $(2+1) \times (3+1)$로 12개이다. 약수를 직접 일일이 나열하지 않고도 개수를 구할 수 있다.

또한 $a^m b^n c^l$로 소인수분해가 되는 정수의 약수의 개수도 직접 일일이 나열하지 않아도 약수의 개수를 구하는 공식을 이용하면 $(m+1)(n+1)(l+1)$개이다.

예제 360의 약수의 개수를 구하시오.

2 삼각형의 넓이 공식

공식

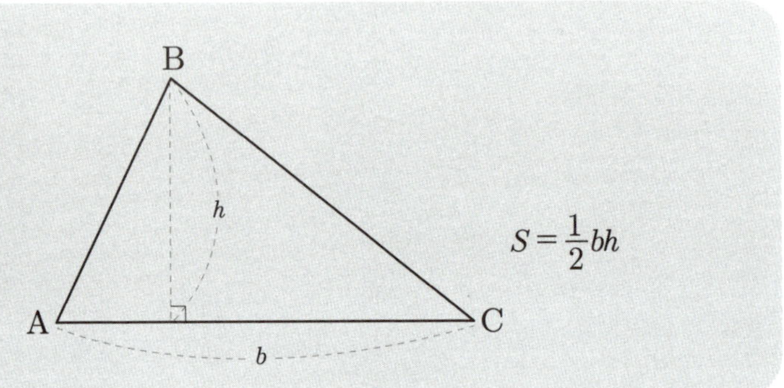

정리

삼각형은 세 변의 길이와 세 각을 갖고 있는 도형이다. 도형 중에서 변의 개수가 가장 적고, 내각의 크기의 합도 180°로 가장 작다.

삼각형은 세 변의 길이와 세 각의 크기가 같은 정삼각형, 두 변의 길이와 양 끝각의 크기가 같은 이등변삼각형, 한 각이 직각인 직각삼각형과 세 변의 길이가 다르고 세 각의 크기가 서로 다른 부등변 삼각형이 있다.

삼각형의 넓이 공식은 삼각형의 넓이를 구하기 위해 밑변의 길이와 높이가 주어질 때 넓이를 문자식으로 나타내는 가장 기본적 공식이다.

밑변의 길이를 b, 높이를 h로 하면 초등학교 수학 때 배운 공식 (밑변의 길이) ×(높이) ÷ 2를 $b \times h \div 2$로 나타낸 후 $S=\frac{1}{2}bh$ 로 정리한다. 초등학교 수학공식을 간단히 문자식으로 나타낸 것이다. 이때 여러분이 알아야 할 것은 삼각형의 넓이 구하는 공식은 삼각비와 적용한 공식이 있으므로 전부 아는 점은 아니라는 것이다. 앞으로 삼각형의 넓이에 대해 더 알아볼 것이다.

예제 밑변의 길이가 3이고 높이가 h인 삼각형의 넓이는 15이다. 높이 h를 구하시오.

3 평행사변형의 넓이 공식

공식

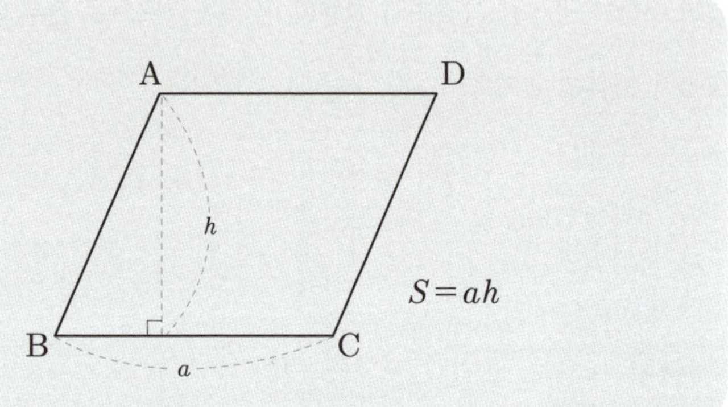

정리

마주 보는 두 쌍의 대변이 서로 평행한 사각형을 평행사변형이라 한다. 평행사변형의 성질은 두 쌍의 대변과 대각의 크기가 같다. 그리고 두 대각선이 서로 다른 것을 이등분한다.

평행사변형의 넓이 공식은 (밑변의 길이)×(높이)이다. 밑변의 길이를 a, 높이를 h로 하면 평행사변형의 넓이 $S=ah$이다.

예제 밑변의 길이가 4이고 높이가 8인 평행사변형의 넓이를 구하시오.

4 직사각형의 둘레 공식

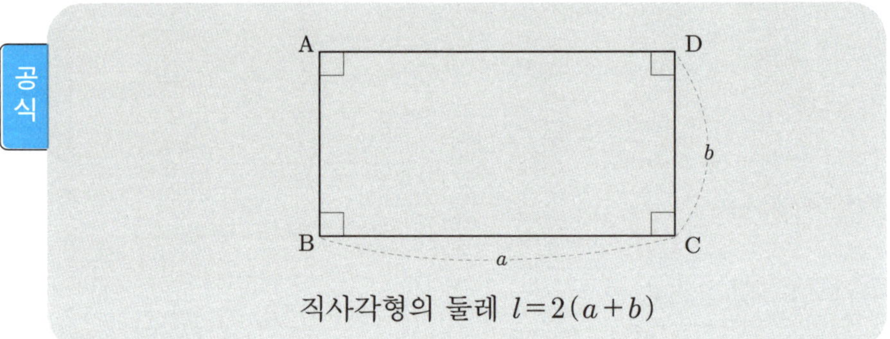

직사각형의 둘레 $l=2(a+b)$

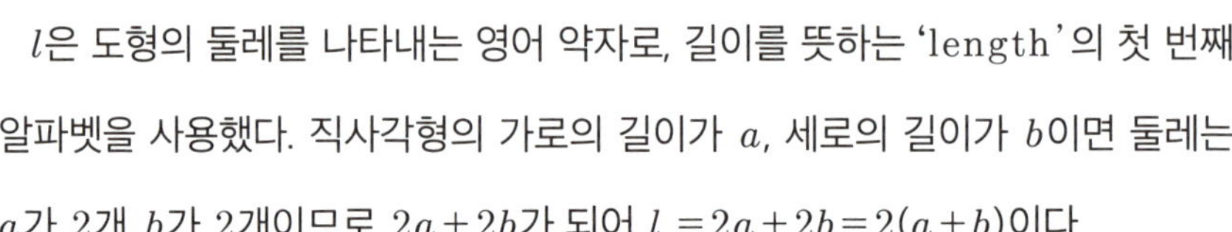

l은 도형의 둘레를 나타내는 영어 약자로, 길이를 뜻하는 'length'의 첫 번째 알파벳을 사용했다. 직사각형의 가로의 길이가 a, 세로의 길이가 b이면 둘레는 a가 2개, b가 2개이므로 $2a+2b$가 되어 $l=2a+2b=2(a+b)$이다.

예제 가로의 길이가 4이고 둘레가 20인 직사각형이 있다. 직사각형의 세로의 길이를 구하시오.

5 직사각형의 넓이 공식

공식

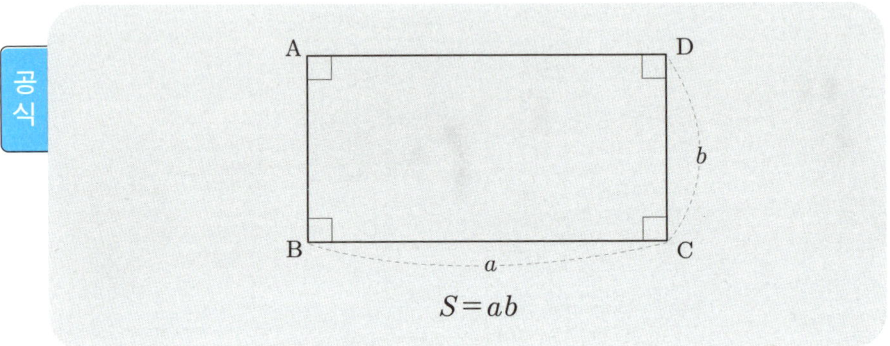

$$S=ab$$

정리

직사각형은 네 내각의 크기가 모두 같은 사각형이다. 두 대각선의 길이가 서로 같고, 서로 다른 것을 이등분한다.

넓이를 구하는 공식은 (가로의 길이)×(세로의 길이)이다. 가로의 길이를 a로 하고, 세로의 길이를 b로 했을 때 직사각형의 넓이 $S=ab$이다.

예제 가로와 세로의 길이가 각각 2, 4인 직사각형의 넓이를 구하시오.

마름모의 넓이 공식

공식

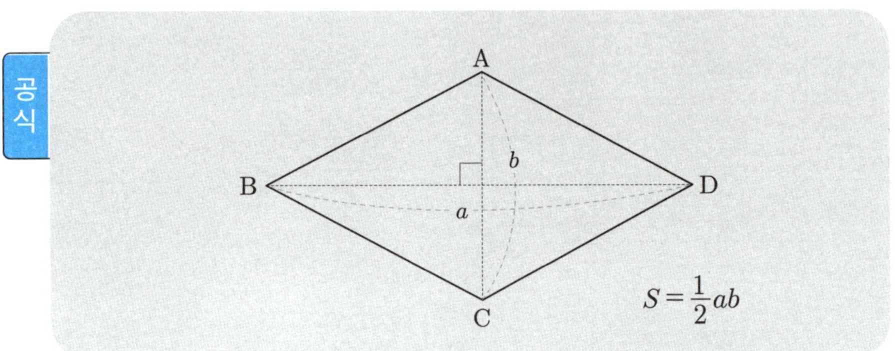

정리

마름모는 네 변의 길이가 모두 같은 사각형이다. 두 대각선이 서로 다른 것을 수직이등분하는 성질을 갖고 있다. 마름모의 네개의 각이 같아지면 정사각형이 된다. 마름모의 넓이는 다음 그림처럼 색종이를 접어서 증명할 수도 있다.

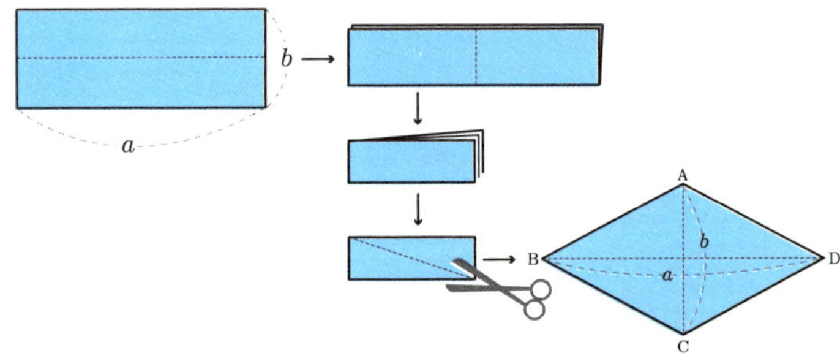

가로와 세로가 a, b인 직사각형을 반으로 두 번 번갈아 접어서 대각선으로 자르면 마름모가 된다. 마름모의 넓이는 직사각형의 넓이의 $\frac{1}{2}$이므로 $S=\frac{1}{2}ab$이다. 즉 $\frac{1}{2}\times$(한 대각선의 길이)$\times$(다른 대각선의 길이)이다.

예제 한 대각선의 길이가 3이고 다른 대각선의 길이가 4인 마름모의 넓이를 구하시오.

7 정사각형의 넓이 공식

공식

A D B C

a a

$$S=a^2$$

정리

정사각형은 사각형 중에서 완벽한 성질을 가진 사각형이다. 네 변의 길이와 네 각의 크기가 같고, 두 개의 대각선의 길이도 같기 때문이다. 정사각형은 가로와 세로의 길이가 같다. 따라서 공식으로 나타내면 가로의 길이를 a로 했을 때 세로의 길이도 a이므로 a를 제곱한 a^2이다.

예제 한 변의 길이가 5인 정사각형의 넓이를 구하시오.

사다리꼴의 넓이 공식

공식

$$S=\frac{1}{2}(a+b)h$$

정리

사다리꼴은 한 쌍의 대변이 평행인 사각형이다. 일반적으로 사다리꼴에는 두 밑각의 크기가 같은 등변사다리꼴도 있다. 사다리꼴 ABCD의 넓이는 그 도형에 대각선을 그어 두 개의 삼각형으로 나눈 뒤 대각선을 $\overline{\mathrm{BD}}$로 하고 각각의 삼각형 넓이를 구해 더하면 된다. 증명방법은 다음과 같다.

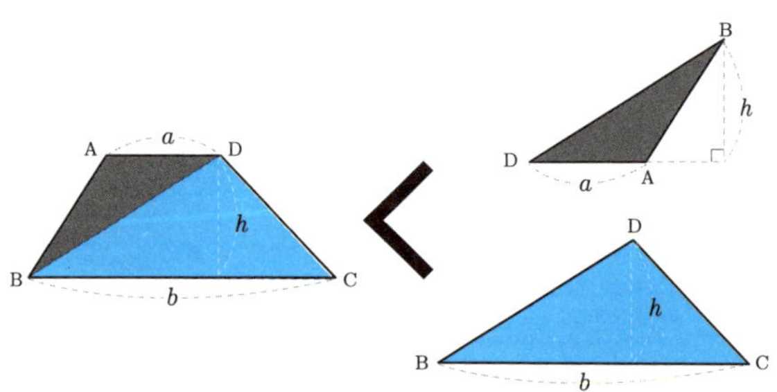

사다리꼴의 넓이는 사다리꼴에 대각선을 그어 $\overline{\mathrm{BD}}$로 두 개의 삼각형으로 나눈 후 높이는 h로 같으므로 두 삼각형을 더하면 구할 수 있다.

$\triangle\text{BDA}=\frac{1}{2}ah$ ……①

$\triangle\text{DBC}=\frac{1}{2}bh$ ……②

따라서 ①과 ②를 더하면 사다리꼴 ABCD$=\frac{1}{2}ah+\frac{1}{2}bh=\frac{1}{2}(a+b)h$

예제 윗변의 길이가 4, 아랫변의 길이가 7, 높이가 5인 사다리꼴의 넓이를 구하시오.

9 백분율 구하는 공식

공식

$$백분율(\%)=\frac{일부값}{전체값}\times 100$$

$$일부값=전체값\times\frac{백분율}{100}$$

정리

방정식에서 식을 설정할 때 백분율을 이용하여 나타내는 것은 중요하다. 통계 단원에서도 백분율로 차지하는 비중을 구한다. 백분율의 공식에서 $\frac{일부값}{전체값}$은 비율이다. 이 비율에 100을 곱하면 백분율이 된다. 비율이 0.2이면 0.2에 100(%)을 곱하면 백분율은 20(%)이다.

예제 전체 학생수가 700명인 학교가 있다. 남학생은 70%이고 여학생은 30%일 때 여학생은 몇 명인지 구하시오.

10 농도 공식

공식

$$\text{농도}(\%) = \frac{\text{용질의 질량}}{\text{용액의 질량}} \times 100 = \frac{\text{용질의 질량}}{\text{용매의 질량}+\text{용질의 질량}} \times 100$$

정리

농도 공식에서 등장하는 단어는 용액, 용매, 용질이다. '용액 = 용매 + 용질'이고 이를 '소금물 = 물 + 소금'으로 바꾸면 이해가 쉬울 것이다.

분모에는 소금물의 질량, 분자에는 소금의 질량으로 바꾸어서 $\text{농도}(\%) = \frac{\text{소금의 질량}}{\text{소금물의 질량}} \times 100 = \frac{\text{소금의 질량}}{\text{물의 질량}+\text{소금의 질량}} \times 100$으로 나타낸다.

농도가 10%인 소금물 200g이 있을 때 소금의 질량을 구해 보자. 소금의 질량을 모르기 때문에 x(g)으로 놓고 식을 세우면 된다.

$\frac{x}{200} \times 100 = 10$에서 $x = 20$(g)이다.

여기에 소금을 더 넣어서 농도가 40%인 진한 소금물을 만들고자 한다면 소금을 얼마만큼 더 넣어야 할까?

더 넣어야 할 소금의 질량을 x로 놓고 식을 세우면 된다.

소금을 더 넣으면 소금은 $(20+x)$, 소금물은 $(200+x)$로 하고 식을 세운다.

$\frac{20+x}{200+x}\times 100=40$, x는 100이므로 더 넣을 소금은 100(g)이다.

반대로 농도를 5%의 소금물로 만들 때 더 넣을 물의 양을 계산한다면 얼마가 될까? 더 넣을 물의 양을 x(g)으로 하고, 식을 세운다.

$\frac{20}{200+x}\times 100=5$, x는 200이므로 더 넣을 물의 질량은 200(g)이다.

만약 물이 증발해서 농도를 조절하는 문제는 소금물의 양에 그만큼의 물의 양을 뺀 식으로 세워서 구하면 된다.

예제 농도가 20%의 설탕물 250g이 있다. 설탕 몇 g을 더 넣으면 농도가 50%가 되는지 구하시오.

11 밀도 공식

공식

$$밀도=\frac{질량}{부피}$$

정리

밀도는 부피가 차지하는 질량을 의미한다. 단위는 주로 g/cm^3과 g/mL를 사용 한다. 밀도는 질량에 비례하므로 질량이 클수록 밀도가 크다. 반면에 부피가 크면 밀도가 작다. 즉 밀도는 질량에 정비례하고, 부피에 반비례한다. 밀도는 방정식과 함수에서 부피와 질량과의 관계를 구할 때 사용된다.

밀도가 $20g/cm^3$인 고체가 있다고 하자. 부피가 $2cm^3$이면 질량은 몇 g일까? 이때 $밀도=\frac{질량}{부피}$ 을 대입하여 구하면 $20=\frac{x}{2}$ 로 식을 세워서 $x=40(g)$이다. 밀도 공식을 안다면 밀도와 부피, 질량 중에서 2개가 주어지면 다른 1개를 구할 수 있다. 이와 비슷하게 3개의 관계를 나타낸 공식으로 $시간=\frac{거리}{속력}$ 가 있다.

예제 질량이 3g이고, 밀도가 $6g/cm^3$인 고체가 있다. 부피를 구하시오.

다각형의 대각선 개수 공식

공식

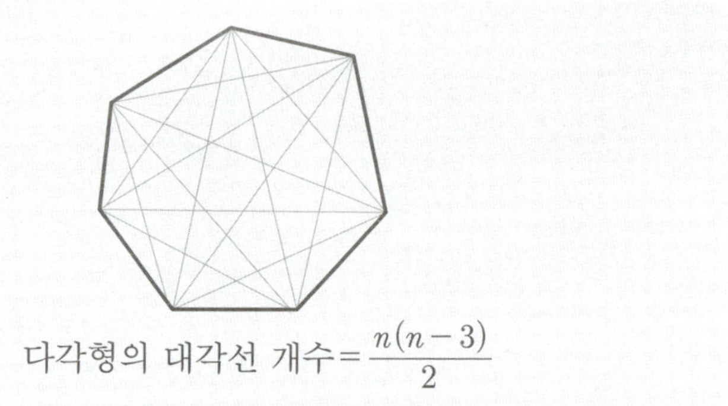

$$\text{다각형의 대각선 개수} = \frac{n(n-3)}{2}$$

정리

다각형의 대각선 개수 공식을 유도하기 위해 가장 먼저 삼각형, 사각형, 오각형에서 한 꼭짓점에서 그을 수 있는 대각선의 개수를 구해 보자.

삼각형에는 0개, 사각형에는 1개, 오각형에는 2개를 그을 수 있다.

따라서 n각형은 한 꼭짓점에서 그을 수 있는 대각선의 개수가 $(n-3)$으로 공식을 유도할 수 있다. 100각형은 n이 100이므로 $100-3$으로 직접 그리지 않아도 97개임을 알 수 있다.

이번에는 대각선의 개수를 구하는 공식을 유도해 보자. 삼각형은 대각선의 개수가 0이므로 제외하고 사각형부터 적용해 보자.

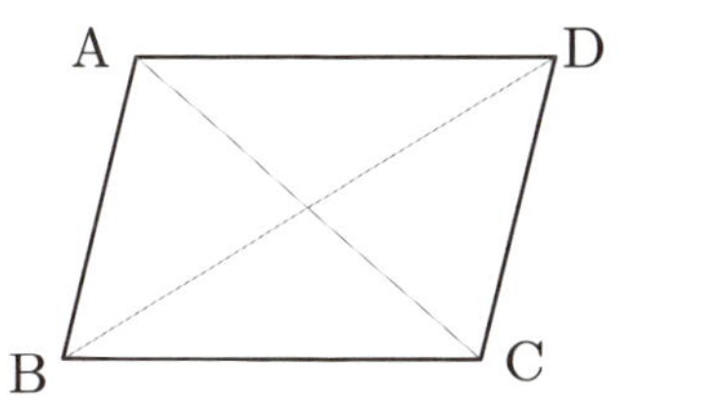

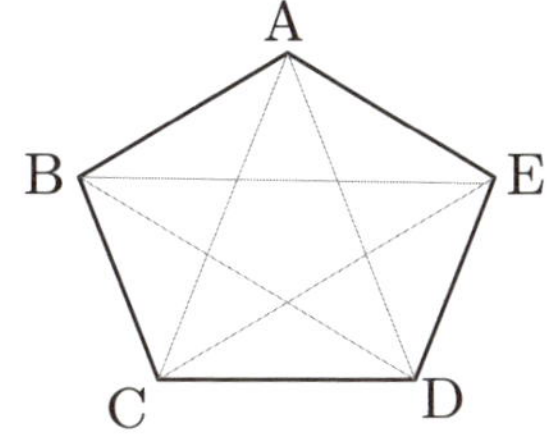

사각형은 점 A에서 C에 긋는 대각선과 점 C에서 A에 긋는 대각선의 개수는 2개가 아닌 1개로 세기 때문에 $n(n-3)$에서 2로 나눈 것으로 공식을 유도한다.

사각형은 한 꼭짓점에서 그을 수 있는 대각선이 1개이면 꼭짓점이 4개이니 대각선을 4개로 잘못 생각할 수 있다. 꼭짓점 A에서 그을 수 있는 대각선의 개수가 1이지만 꼭짓점 C에서 그을 수 있는 대각선의 개수가 중복된다. 따라서 $4 \div 2$로 2개이다. 오각형도 한 꼭짓점에서 그을 수 있는 대각선의 개수가 2개이지만 서로 중복되는 대각선의 개수가 있으므로 2로 나누면 5개이다. 이를 공식으로 나타내면 $\frac{n(n-3)}{2}$이다.

예제 21각형의 대각선의 개수를 구하시오.

13 다각형의 내각의 합 공식

공식

다각형의 내각의 합$=180° \times (n-2)$

정리

다각형의 내각의 합 공식은 삼각형으로 나누어 증명하는 방법이 있다. 사각형은 두 개의 삼각형으로, 오각형은 3개의 삼각형으로, 육각형은 4개의 삼각형으로 나눌 수 있다.

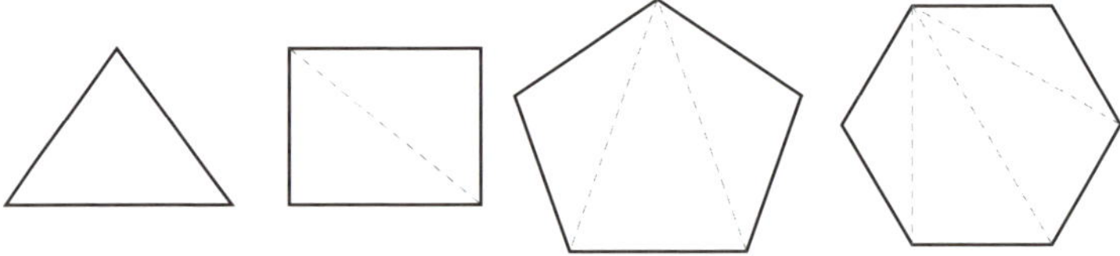

삼각형의 내각의 합은 $180^\circ \times (3-2)$를 계산하여 180°인 것을 알 수 있다. 사각형의 내각의 합은 $180^\circ \times (4-2)$를 계산하면 360°이다. 같은 방법으로 오각형과 육각형은 $180^\circ \times (5-2)$와 $180^\circ \times (6-2)$로 계산하면 각각 540°와 720°이다. 따라서 나누어진 삼각형의 개수와 함께 공식은 $180^\circ \times (n-2)$로 유도할 수 있다.

예제 십각형의 내각의 합을 구하시오.

14 정다각형의 한 내각의 크기 공식

공식

$$\text{정다각형의 한 내각의 크기} = \frac{180° \times (n-2)}{n}$$

정리

다각형의 내각의 합과 정다각형의 내각의 합은 공식이 같다. 내각의 합은 정다각형이든 부등변 다각형이든 공식이 같으니 규칙을 알고 유도한다면 굳이 외울 필요는 없다. 다만 반복적인 연습이 필요하다.

정다각형의 한 내각의 크기를 구하는 공식은 정다각형의 변의 개수만큼 나누어 $\frac{180° \times (n-2)}{n}$로 구할 수 있다.

예제 정이십각형의 한 내각의 크기를 구하시오.

15 원주율 공식

공식

$$\text{원주율}(\pi)=\frac{\text{원의 둘레}}{\text{원의 지름}}=3.1415926535\cdots$$

정리

원의 둘레와 지름의 비는 항상 일정한 값을 갖는다. 원주율은 끝없는 무리수이며 0부터 9까지의 숫자가 소수점 아래 자릿수로 무한하게 전개된다.

π

3.141 592 653 589 793 238 462 643 383 279 502 884 197 169 399 375 105 820 974 944 592 307 816 406 286 208 998 628 034 825 342 117 067 982 148 086 513 282 306 647 093 84 609 550 582 231 725 359 408 128 481 117 450 284 102 701 938 521 105 559 644 622 948 954 930 381 964 428 810 975 665 933 446 128 475 648 233 786 783 165 271 201 909 145 648 566 923 460 3

원의 둘레 공식

공식

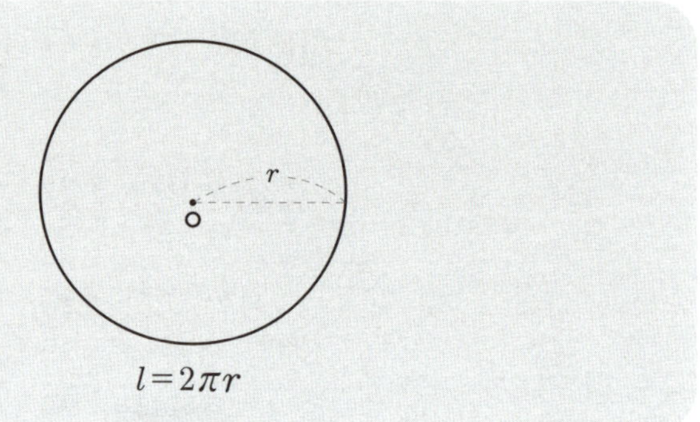

정리

원주율 π는 $\dfrac{\text{원의 둘레}}{\text{원의 지름}}$로 구하므로 $\pi=\dfrac{l}{2r}$에서 원의 둘레는 $l=2\pi r$로 구할 수 있다.

예제 반지름의 길이가 4인 원의 둘레를 구하시오.

17 원의 넓이 공식

공식

$$S=\pi r^2$$

정리

다음 그림처럼 원을 크기가 일정한 부채꼴로 작게 나눈 뒤 잘라 오른쪽 그림처럼 붙히면 직사각형 모양에 가깝게 된다. 이것을 직사각형의 넓이 공식인 (가로의 길이)×(세로의 길이)에 적용하면 원의 넓이를 구할 수 있다.

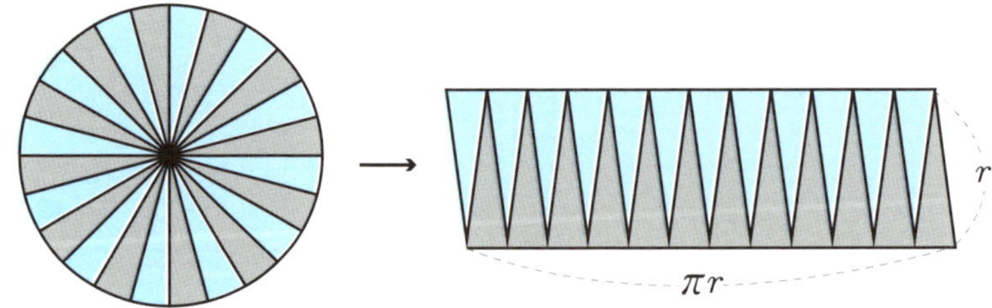

원을 24개의 부채꼴로 나누어 넓이를 구한 그림

가로의 길이는 원의 둘레의 $\frac{1}{2}$인 πr이고, 세로의 길이는 원의 반지름인 r이므로 직사각형의 넓이는 πr^2로 구해지며 이것이 원의 넓이 공식이다.

예제 반지름의 길이가 5인 원의 넓이를 구하시오.

18 오일러의 다면체 정리

공식

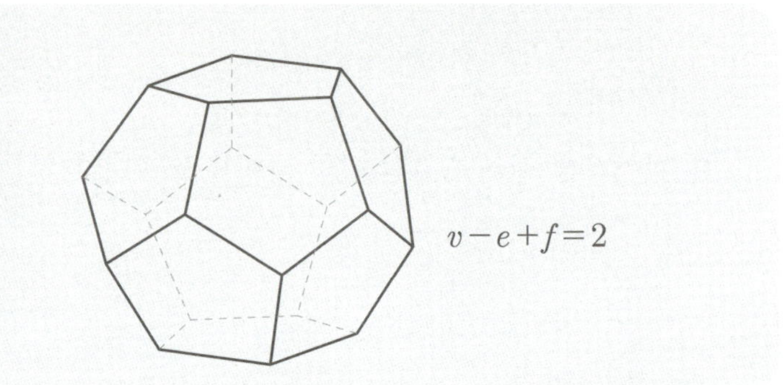

정리

오일러의 다면체 정리는 입체도형 중에서 다면체에 적용되는 공식이다. 꼭짓점의 개수 v, 모서리의 개수 e, 면의 개수 f의 관계를 나타낸 식이다. 따라서 $v-e+f=2$인데, 정다면체 5개를 예로 들면 쉽게 알 수 있다.

	v	e	f	$v-e+f$
정사면체	4	6	4	2
정육면체	8	12	6	2

정팔면체	6	12	8	2
정십이면체	20	30	12	2
정이십면체	12	30	20	2

예제 다음 삼각뿔대는 오일러의 정리 $v-e+f=2$가 성립하는지 꼭짓점(v), 모서리(e), 면(v)의 개수를 구하여 확인하시오.

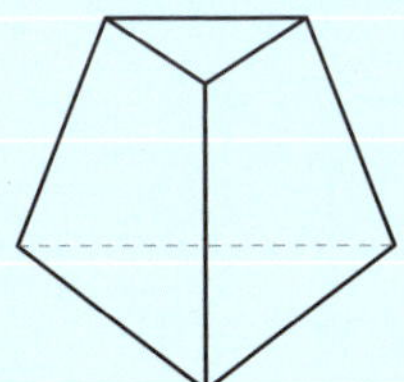

19 정육면체의 겉넓이 공식

공식

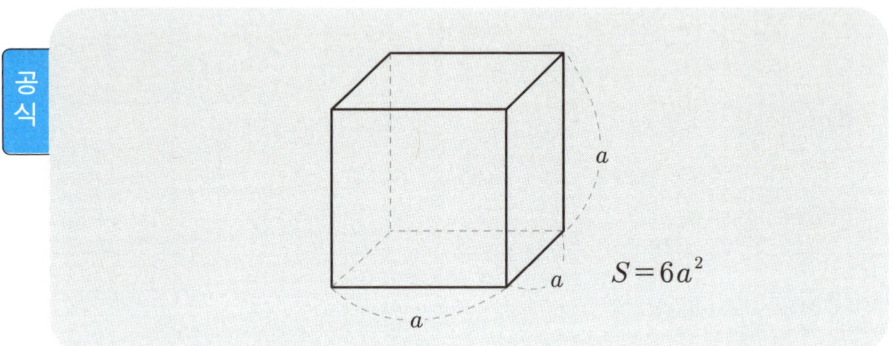

정리

정육면체는 합동인 정사각형 6개로 둘러싸인 입체도형이다. 주사위가 가장 먼저 생각나는 도형이며, 전개도는 11가지이다.

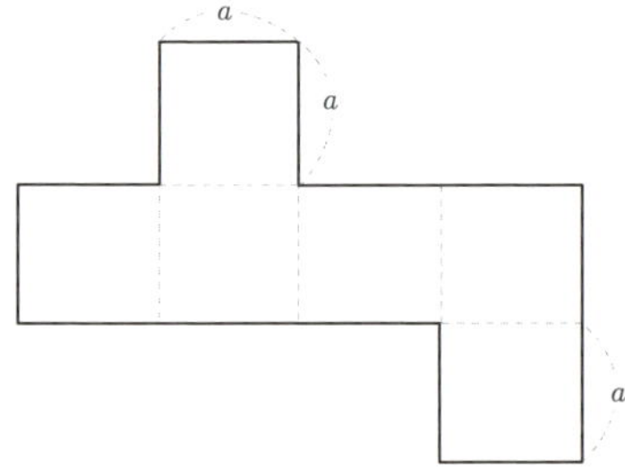

정육면체의 전개도로 6개의 정사각형의 넓이를 구하면 겉넓이를 구할 수 있다. 따라서 $S=a^2\times6=6a^2$

예제 한 변의 길이가 3인 정육면체의 겉넓이를 구하시오.

정육면체의 부피 공식

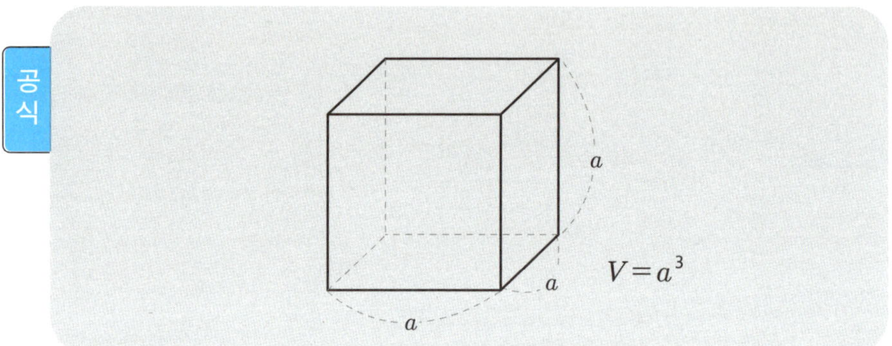

정리

정육면체의 부피는 (가로의 길이)×(세로의 길이)×(높이)이다. 모든 변이 a로 동일하므로 $V=a^3$이다.

예제 한 변의 길이가 5인 정육면체의 부피를 구하시오.

21 직육면체의 겉넓이 공식

공식

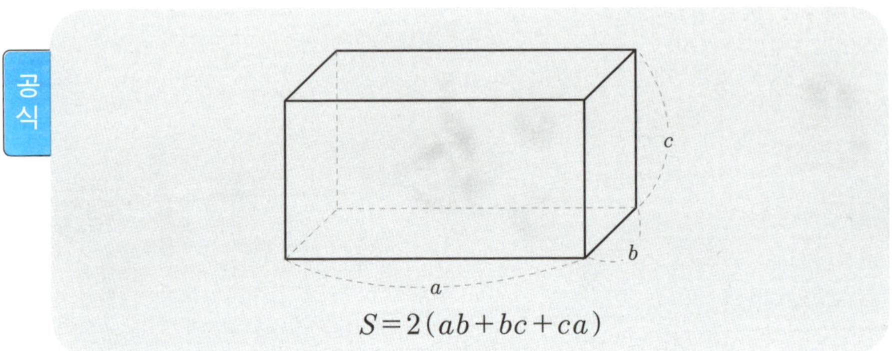

$$S=2(ab+bc+ca)$$

정리

전개도로 겉넓이 구하는 공식을 이해할 수 있다.

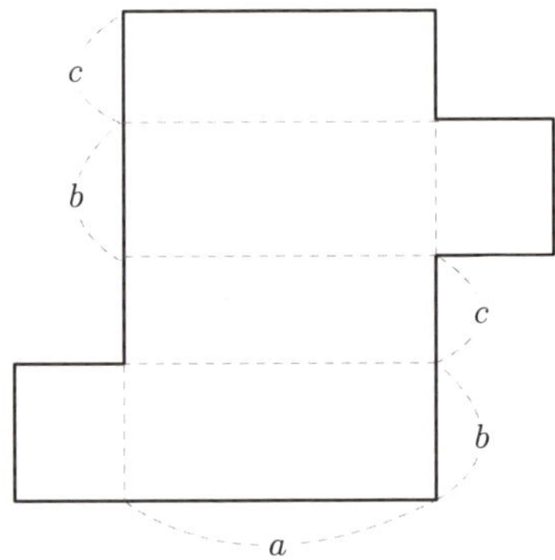

가로와 세로의 길이, 높이가 각각 a, b, c일 때 (가로의 길이)×(세로의 길이)인 ab가 2개, (세로의 길이)×(높이)인 bc가 2개, (높이)×(가로의 길이)인 ca가 2개이므로 $S=2(ab+bc+ca)$이다.

예제 가로, 세로의 길이와 높이가 각각 3, 4, 5인 직육면체의 겉넓이를 구하시오.

22 직육면체의 부피 공식

공식

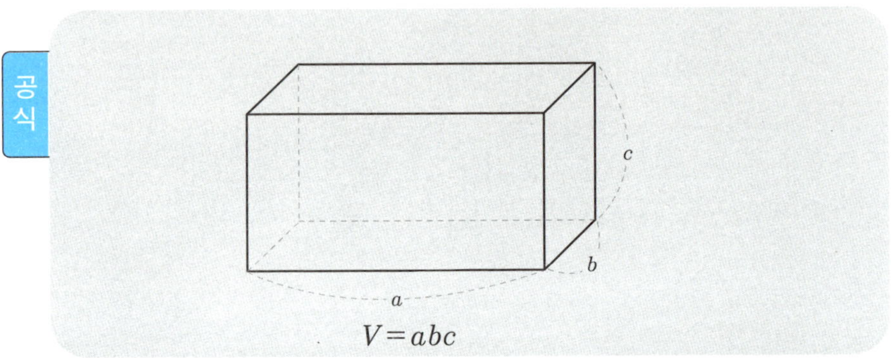

$$V=abc$$

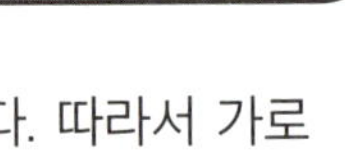

정리

직육면체의 부피는 (가로의 길이)×(세로의 길이)×(높이)이다. 따라서 가로와 세로의 길이, 높이가 a, b, c이므로 부피 $V=abc$이다.

예제 가로, 세로의 길이와 높이가 각각 2, 3, 7인 직육면체의 부피를 구하시오.

원기둥의 겉넓이 공식

공식

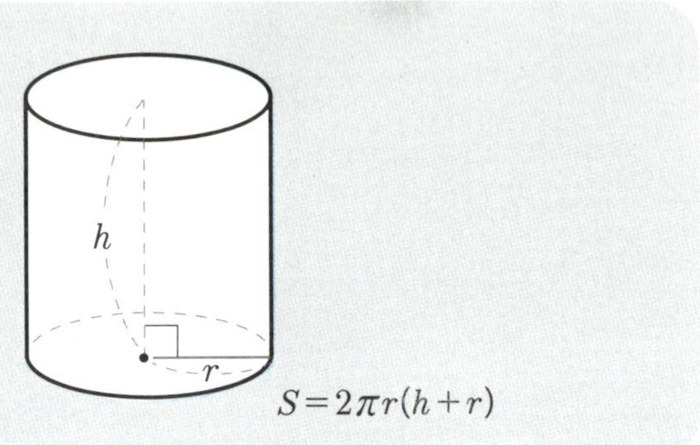

정리

원기둥의 겉넓이는 전개도로 이해한 후 정확히 계산하는 것이 중요하다.

다음 그림처럼 원기둥을 전개도로 나타내면 합동인 밑면이 2개, 옆면이 1개이다.

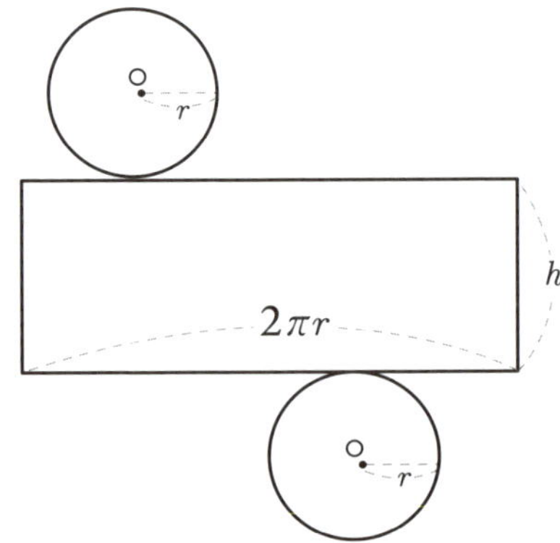

밑면의 넓이는 원의 넓이 공식인 πr^2을 이용하면 되고, 옆면의 넓이는 직사각형의 넓이를 이용하여 (가로의 길이)×(세로의 길이)로 구하면 된다. 세로의 길이는 원기둥의 높이이므로 h이며, 가로의 길이는 원의 둘레인 $2\pi r$이다. 따라서 옆면의 넓이는 $2\pi r \times h = 2\pi rh$이다. 원기둥의 겉넓이 $S = 2\pi r^2 + 2\pi rh = 2\pi r(h+r)$이다.

예제 반지름의 길이가 2이고, 높이가 3인 원기둥의 겉넓이를 구하시오.

원기둥의 부피 공식

공식

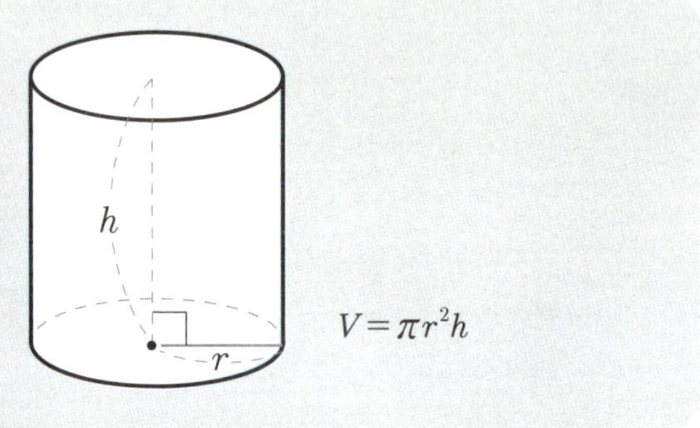

정리

원기둥의 부피는 (밑면의 넓이)×(높이)로 계산한다. 예를 들어 원기둥의 밑면의 반지름의 길이가 2이고, 높이가 5이면 원기둥의 부피 $V=\pi\times2^2\times5=20\pi$ 이다.

예제 반지름의 길이가 3이고, 높이가 7인 원기둥의 부피를 구하시오.

25 삼각뿔의 부피 공식

공식

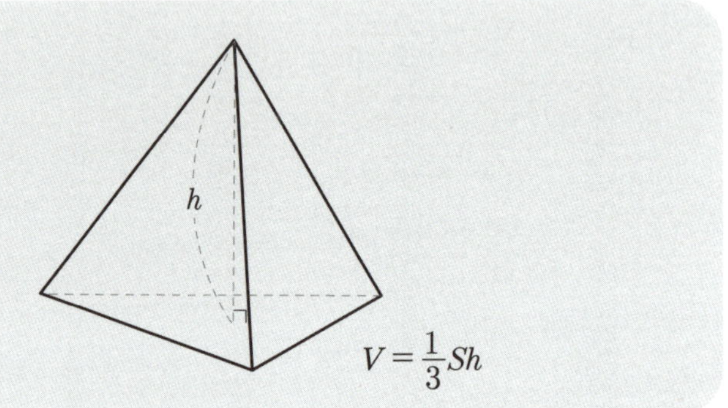

정리

각기둥의 부피는 밑면의 넓이에 높이를 곱하면 된다. 그런데 각뿔은 각기둥의 부피를 구한 공식을 3으로 나눈다. 왜 그럴까? 다음 그림을 보자. 정육면체를 6개의 정사각뿔로 나눈 것이다.

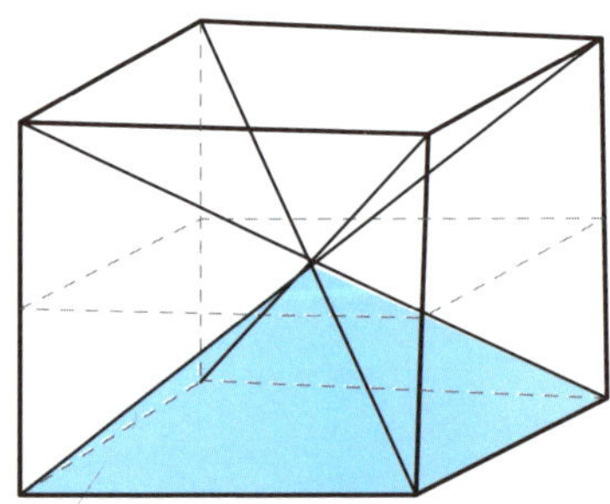

그림에서 색이 들어간 정사각뿔의 부피는 정육면체의 $\frac{1}{6}$ 이다. 이번에는 정육면체를 가로로 정확히 2등분하면 윗부분과 아랫부분으로 나누어지는 데 아랫부분의 부피는 $\frac{1}{2}$ 이며 색이 들어간 정사각뿔 3개의 부피로 채울 수 있다. 그러면 직육면체와 정사각뿔은 밑면이 합동이고 높이가 같으므로 정사각뿔의 부피는 직육면체의 부피의 $\frac{1}{3}$ 이다. 이를 다른 각뿔에도 적용하면 각뿔의 부피는 각기둥의 부피의 $\frac{1}{3}$ 로 일반화할 수 있으며 원뿔의 부피도 공식으로 이해할 수 있다.

이제 각뿔과 원뿔의 부피에 관한 공식에서 왜 3으로 나누는지 알게 되었을 것이다. 반지름의 길이와 높이가 같은 원기둥과 원뿔의 부피의 비는 3:1인 것을 실험해서 증명할 수도 있지만 그림을 통해 더 쉽게 이해했을 것이다.

예제 밑넓이가 5이고 높이가 6인 삼각뿔의 부피를 구하시오.

26 원뿔의 부피 공식

공식

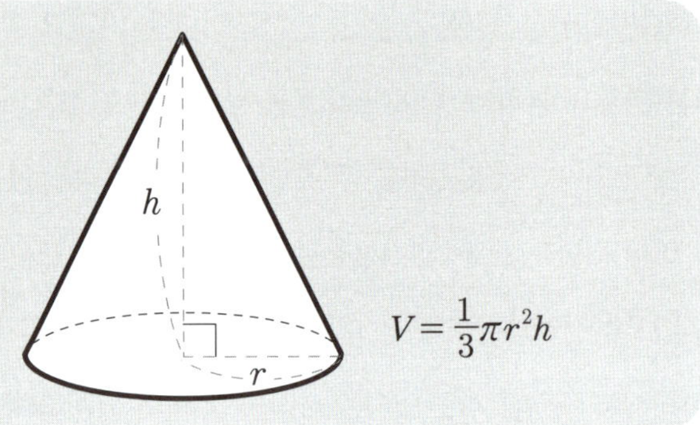

정리

원뿔의 부피는 $\frac{1}{3}\times$(밑면의 넓이)$\times$(높이)로 구한다. 반지름이 r이고 높이가 h이면 $V=\frac{1}{3}Sh=\frac{1}{3}\pi r^2 h$이다.

예를 들어 반지름이 3이고 높이가 7인 원뿔의 부피 $V=\frac{1}{3}\pi\times 3^2\times 7=21\pi$이다.

예제 반지름의 길이가 2이고 높이가 4인 원뿔의 부피를 구하시오.

27 구의 겉넓이 공식

공식

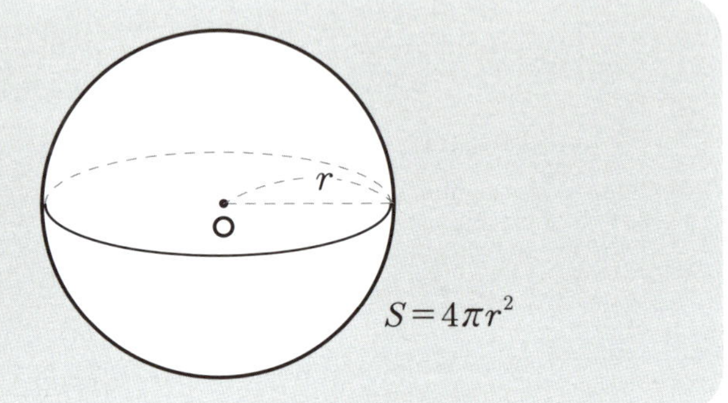

정리

구는 전개도가 없다. 곡면으로 둘러싸인 공간도형이기 때문에 전개도가 없는 것이다. 그래서 구의 겉넓이와 부피를 증명하는 것은 어렵게 느껴질 수 있다. 수학적으로 증명하는 방법 중 그림을 이용한 증명은 구를 여섯 개의 자오선을 그어서 그 도형을 오려내어 펼치는 것이다. 그런 다음 도형의 뾰족한 부분을 그림처럼 각각 4군데씩 붙여서 직사각형 모양을 만든다.

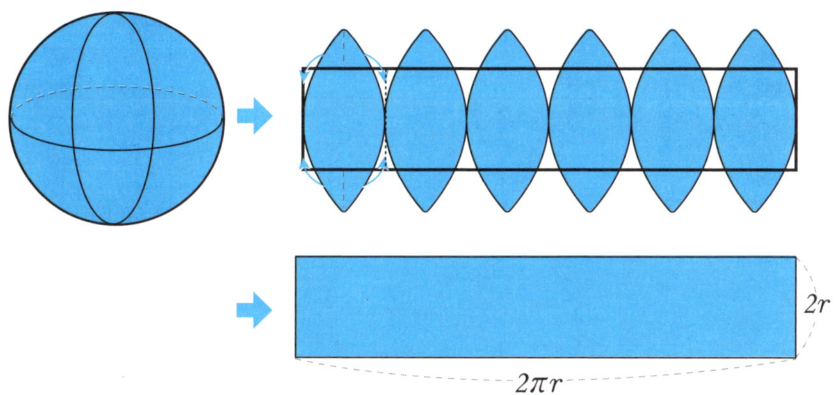

직사각형 모양의 도형은 가로의 길이가 $2\pi r$, 세로의 길이가 $2r$이다. 따라서 (가로의 길이)×(세로의 길이)의 공식을 이용하면 구의 겉넓이 S는 $2\pi r \times 2r = 4\pi r^2$이다.

예제 반지름의 길이가 6인 구의 겉넓이를 구하시오.

28 구의 부피 공식

공식

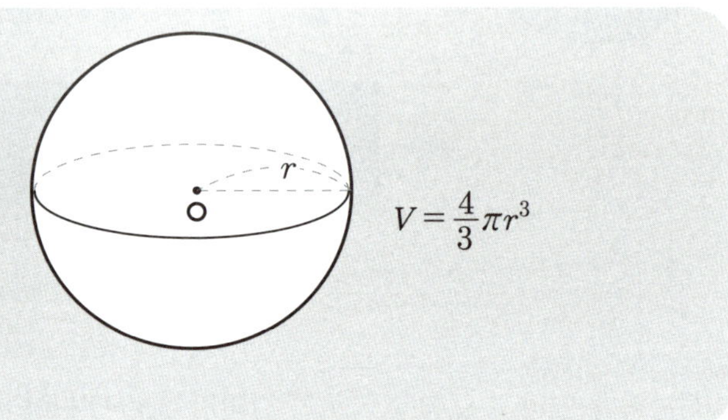

정리

반지름이 r인 구의 그림을 보자. 여기에 구의 일부분인 사각뿔을 떠올리자. 밑면의 넓이가 S,높이가 구의 반지름 r인 사각뿔의 부피는 $\frac{1}{3}\mathrm{S}r$이다.

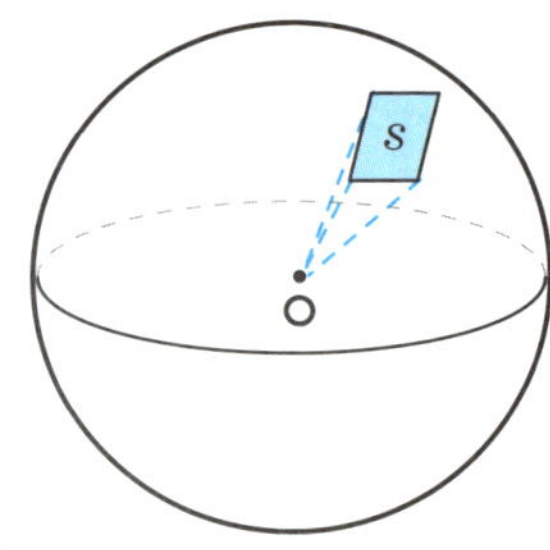

사각형 S는 구의 작은 일부분을 차지하는 넓이이다. 구 전체를 덮는다고 가정하면 구의 겉넓이로 바꾸면 된다. 따라서 구의 부피 $V=\frac{1}{3}S\times r=\frac{1}{3}\times(4\pi r^2)\times r=\frac{4}{3}\pi r^3$ 이다.

예제 반지름의 길이가 4인 구의 부피를 구하시오.

$$l = \frac{2\pi^2 B}{v} s o^2 v^2 = \frac{p o^2 v}{2B} = \frac{p o^2}{2 p v}$$

$$l = l_1 + l_2 +$$

r

$$V_e = \sqrt{\frac{2GM}{R}}$$

l

$$k = \sqrt{l/m}$$

C

r

$$\frac{dN}{dt} = -\lambda N$$

$$m g'_\theta = m g - m \omega^2 R \cos^2 \theta$$

$$B = [Z m_p + (A - Z) m$$

$$V = L \times W \times h$$

y

x

$$\frac{1}{F} = \frac{1}{f_1} + \frac{1}{f_2}$$

$$\frac{1}{\lambda} = R Z^2 \left[\frac{1}{n^2} - \frac{1}{m^2} \right]$$

$$f(x) = \frac{a}{x}$$

U

−A 0

$$E_p = \frac{1}{4\pi\epsilon_0} \frac{q x}{(a^2 + x^2)^{3/2}}$$

K

−A 0

$$V = \pi r^2 \times h$$

$$N = N_0 / 2^n$$

$$B = \frac{\mu_0 i}{4 \pi d} (\cos \theta_1$$

L

N A N A

λ/2

$$p_1 = p_0 \sin$$

$$p_2 = p_0 \sin$$

핵심 중의 핵심 공식

중2 과정

29 직선의 기울기 공식

공식

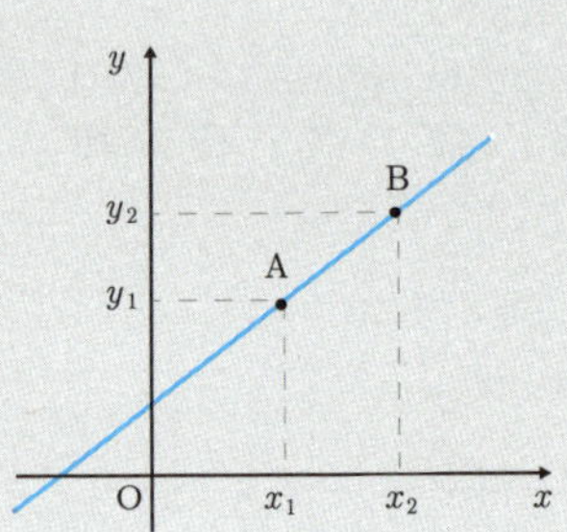

$a = \dfrac{y_2 - y_1}{x_2 - x_1}$ a : 점 A,B를 지나는 직선의 기울기

정리

직선의 기울기는 $a = \dfrac{y\text{의 증감량}}{x\text{의 증감량}}$으로 x값이 증가(또는 감소)할 때 y값이 증가(또는 감소)하는 것에 대한 변화량을 의미한다. 그래서 x값과 y값이 얼마나 변화하는지를 그래프로 그려볼 수 있다.

직선의 기울기 $a = \dfrac{y_2 - y_1}{x_2 - x_1}$는 수학적으로 계산할 수 있다.

함수의 그래프 $y = ax$를 보자.

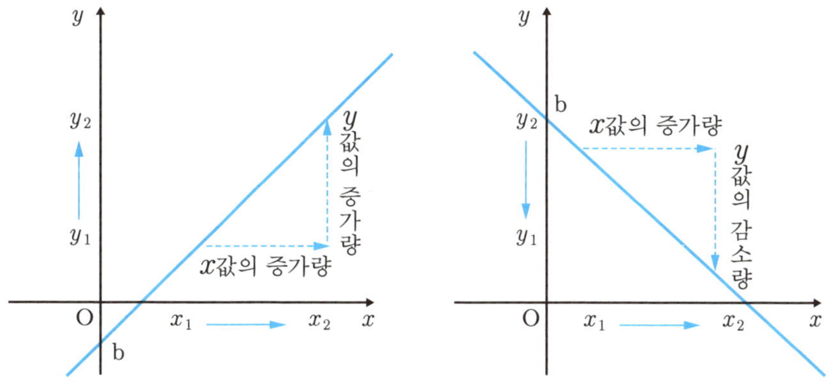

왼쪽의 그래프는 x값이 증가할 때 y값이 증가하는 그래프이다. 오른쪽 그래프는 x값이 증가할 때 y값이 감소하는 그래프이다. 왼쪽 그래프의 x, y 좌표를 (2, 1)과 (4, 3)으로 정하면 기울기 $a=\frac{3-1}{4-2}=1$이다. 오르는 모양의 그래프이기 때문에 기울기 a값이 양수이다. 오른쪽 그래프는 내려가는 모양의 그래프이므로 기울기 a값이 음수일 것으로 예상할 수 있다. 확인해 보자.

x, y 좌표를 (1, 6), (7, 1)로 정하면 기울기 $a=\frac{1-6}{7-1}=-\frac{5}{6}$ 로 음수로 검산된다.

예제 두 점 $(-3, 5)$와 $(2, 8)$을 지나는 직선의 기울기를 구하시오.

30 직선의 방정식 공식

공식

(1) 기울기가 a, y절편 b일 때 $y=ax+b$

(2) 기울기가 a이고, 점 (x_1, y_1)을 지나는 직선의 방정식일 때 $y=a(x-x_1)+y_1$

(3) 점 (x_1, y_1)과 (x_2, y_2)를 지나는 직선의 방정식일 때 $y=\frac{y_2-y_1}{x_2-x_1}(x-x_1)+y_1$

정리

일차함수의 일반형인 $y=ax+b$에서 a는 기울기이고, b는 y절편이다. y절편은 일차함수의 일반형에 x에 0을 대입하면 구할 수 있다. $y=3x+2$에서 기울기는 3, y절편은 2이다.

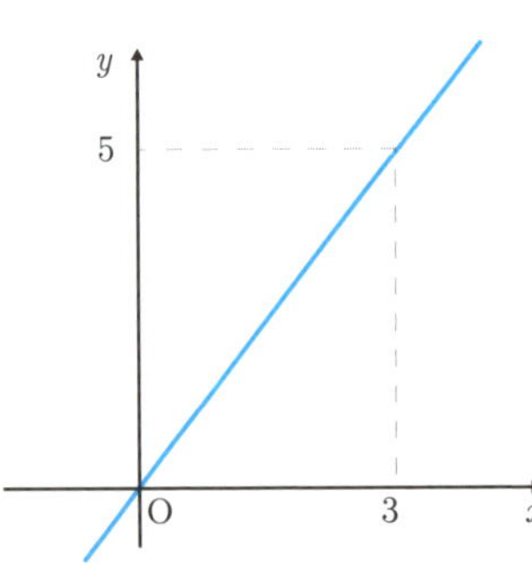

기울기가 a이고, 점 (x_1, y_1)을 지나는 직선의 방정식일 때 $y=a(x-x_1)+y_1$로 나타낼 수 있다.

예를 들어 기울기가 2이고 점 (3, 5)를

지나는 직선의 방정식이 있다고 하자. 기울기가 2이므로 직선의 방정식은 $y=2(x-x_1)+y_1$이 되고 점 (x_1, y_1)을 다음과 같이 대입한다.

3을 대입　5를 대입

$$\begin{aligned} y &= 2(x-x_1)+y_1 \\ &= 2(x-3)+5 \\ &= 2x-1 \end{aligned}$$

따라서 기울기가 2이고, 점 (3, 5)를 지나는 직선의 방정식은 $y=2x-1$이다.

이번에는 (2)와는 달리 (3)에서는 두 점 (x_1, y_1)과 (x_2, y_2)를 지나는 직선의 방정식을, 두 점으로 기울기를 구한 뒤 $y=\dfrac{y_2-y_1}{x_2-x_1}(x-x_1)+y_1$의 공식에 대입하여 구할 수 있다. 또한 $y=\dfrac{y_2-y_1}{x_2-x_1}(x-x_2)+y_2$로도 구할 수 있으므로, 이를 선택하여 사용하면 된다.

예제 두 점 (4, 5)와 (−7, 17)을 지나는 직선의 방정식을 구하시오.

31 내접원과 삼각형의 넓이 공식

공식

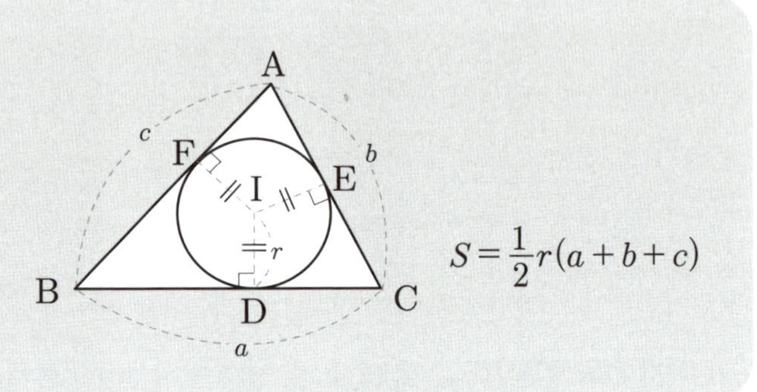

$$S=\frac{1}{2}r(a+b+c)$$

정리

내접원은 삼각형의 세 변에 모두 접하는 원이다. 내심은 I로 나타내며 내접원의 중심이다. 세 내각의 이등분선은 내심에서 만난다. 따라서 내심의 성질은 $\overline{\mathrm{ID}}=\overline{\mathrm{IE}}=\overline{\mathrm{IF}}$이며 내접원의 반지름 r로 나타낸다. 이러한 내심의 성질을 알면 3개의 삼각형으로 나누었을 때 각각의 삼각형의 넓이의 합이 곧 삼각형 ABC의 넓이인 것이다.

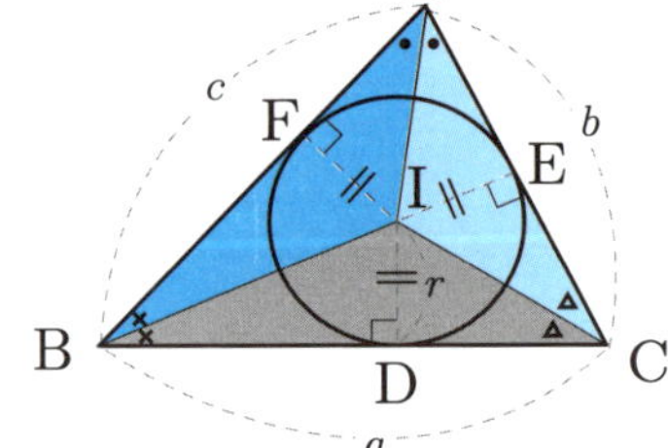

3개의 삼각형의 넓이를 내각의 성질을 이용해 구하면 $\triangle\mathrm{IAB}==\frac{1}{2}cr$, $\triangle\mathrm{IBC}=\frac{1}{2}ar$, $\triangle\mathrm{ICA}=\frac{1}{2}br$ 이고 삼각형의 넓이 $S=\triangle\mathrm{IAB}+\triangle\mathrm{IBC}+\triangle\mathrm{ICA}$이므로 $S=\frac{1}{2}cr+\frac{1}{2}ar+\frac{1}{2}br=\frac{1}{2}r(a+b+c)$이다.

예제 내접원의 반지름의 길이가 1이고 세 변의 길이가 각각 3, 4, 5인 삼각형의 넓이를 구하시오.

32 피타고라스의 정리

공식

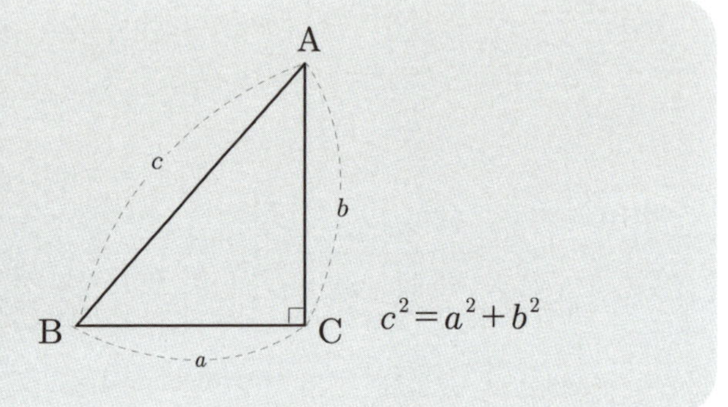

정리

피타고라스의 정리는 증명방법만 400가지가 넘는다. 아인슈타인은 14살 때 닮음의 성질을 이용해 피타고라스의 정리를 증명했다.

직각삼각형 ABC에서 직각인 ∠C에 마주보는 빗변에 수직선을 긋고 점 H로 정한다.

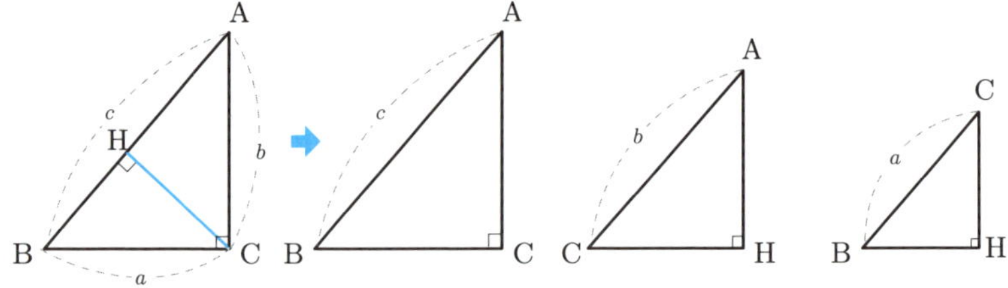

첫 번째 삼각형에서 직선을 빗변 $\overline{AB}$에 수직으로 그으면 3개의 삼각형의 닮음을 통해 비교할 수 있다.

3개의 직각삼각형은 AA닮음이다. 그리고 빗변의 길이의 비가 $c:b:a$이며 넓이의 비는 $c^2:b^2:a^2$이다. 넓이의 비에 k를 곱한다. 그리고 $\triangle$ABC는 $\triangle$ACH와 $\triangle$CBH를 합한 것이므로 $kc^2=kb^2+ka^2$이며 양 변을 k로 나누면 $c^2=a^2+b^2$이 성립한다. 따라서 닮음의 성질로 피타고라스의 정리를 증명했다.

예제 피타고라스의 정리를 이용하여 직각삼각형 ABC의 빗변의 길이를 구하시오.

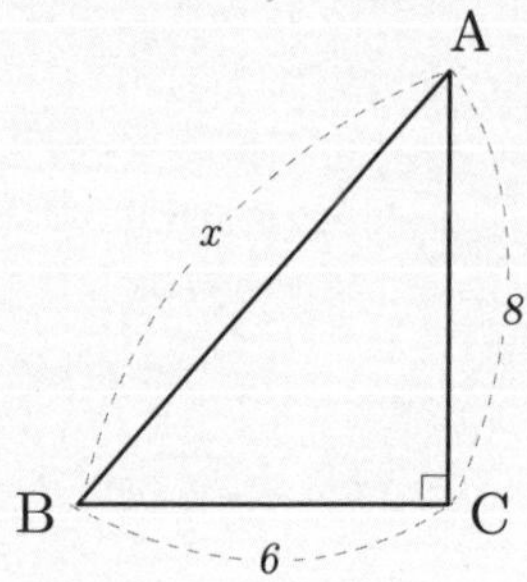

$$l = \frac{2\pi^2 B}{V} SO^2 V^2 = \frac{\rho o^2 V}{2b} = \frac{\rho o^2}{2\rho V} \qquad l = l_1 + l_2 +$$

r

l

$$V_e = \sqrt{\frac{2GM}{R}}$$

C

r

$$k = \sqrt{l/m}$$

$$\frac{dN}{dt} = -\lambda N$$

$$m g'_\theta = mg - m\omega^2 R \cos^2\theta \qquad B = [Z m_p + (A - Z)$$

y

x

$$V = L \times W \times h$$

$$\frac{1}{F} = \frac{1}{f_1} + \frac{1}{f_2}$$

$$\frac{1}{\lambda} = RZ^2 \left[\frac{1}{n^2} - \frac{1}{m^2}\right]$$

$$f(x) = \frac{a}{x}$$

U

−A 0

$$E_p = \frac{1}{4\pi\epsilon_0} \frac{qx}{(a^2 + x^2)^{3/2}}$$

K

−A 0

$$V = \pi r^2 \times h \qquad N = N_0 / 2^n$$

$$B = \frac{\mu_0 i}{4\pi d} (\cos\theta$$

L

N A N A

λ/2

$$p_1 = p_0 \sin$$

$$p_2 = p_0 s$$

고등 수학을 위한 다리

중3 과정

33 제곱근의 근삿값

공식

$$\sqrt{2} \approx 1.414213562$$

$$\sqrt{3} \approx 1.732050808$$

$$\sqrt{5} \approx 2.236067977$$

$$\sqrt{10} \approx 3.162277660$$

정리

제곱근의 근삿값은 제곱근의 표를 보면서 그 값을 찾으면 된다. 문제가 주어지면 제곱근의 근삿값표가 주어지는 경우가 많은데, $\sqrt{2}$, $\sqrt{3}$, $\sqrt{5}$ 정도는 머릿속에 외우는 것이 계산할 때 효율적이다. 제곱근의 근삿값 중 $\sqrt{2}$는 약 1.414, $\sqrt{3}$은 약 1.732, $\sqrt{5}$는 약 2.236으로 소수점 아래 셋째 자릿수까지 기억하면서 계산해도 제곱근 문제를 빨리 푸는데 도움이 될 것이다.

다음은 제곱근표로 제곱근의 근삿값을 찾는 방법을 나타낸 것이다.

√2 의 근삿값
√3 의 근삿값
√5 의 근삿값

수	0	1	2	3	4	5	6	7	8	9
1.0	1.000	1.005	1.010	1.015	1.020	1.025	1.030	1.034	1.039	1.044
1.1	1.049	1.054	1.058	1.063	1.068	1.072	1.077	1.082	1.086	1.091
1.2	1.095	1.100	1.105	1.109	1.114	1.118	1.122	1.127	1.131	1.136
1.3	1.140	1.145	1.149	1.153	1.158	1.162	1.166	1.170	1.175	1.179
1.4	1.183	1.187	1.192	1.196	1.200	1.204	1.208	1.212	1.217	1.221
1.5	1.225	1.229	1.233	1.237	1.241	1.245	1.249	1.253	1.257	1.261
1.6	1.265	1.269	1.273	1.277	1.281	1.285	1.288	1.292	1.296	1.300
1.7	1.304	1.308	1.311	1.315	1.319	1.323	1.327	1.330	1.334	1.338
1.8	1.342	1.345	1.349	1.353	1.356	1.360	1.364	1.367	1.371	1.375
1.9	1.378	1.382	1.386	1.389	1.393	1.396	1.400	1.404	1.407	1.411
2.0	1.414	1.418	1.421	1.425	1.428	1.432	1.435	1.439	1.442	1.446
2.1	1.449	1.453	1.456	1.459	1.463	1.466	1.470	1.473	1.476	1.480
2.2	1.483	1.487	1.490	1.493	1.497	1.500	1.503	1.507	1.510	1.513
2.3	1.517	1.520	1.523	1.526	1.530	1.533	1.536	1.539	1.543	1.546
2.4	1.549	1.552	1.556	1.559	1.562	1.565	1.568	1.572	1.575	1.578
2.5	1.581	1.584	1.587	1.591	1.594	1.597	1.600	1.603	1.606	1.609
2.6	1.612	1.616	1.619	1.622	1.625	1.628	1.631	1.634	1.637	1.640
2.7	1.643	1.646	1.649	1.652	1.655	1.658	1.661	1.664	1.667	1.670
2.8	1.673	1.676	1.679	1.682	1.685	1.688	1.691	1.694	1.697	1.700
2.9	1.703	1.706	1.709	1.712	1.715	1.718	1.720	1.723	1.726	1.729
3.0	1.732	1.735	1.738	1.741	1.744	1.746	1.749	1.752	1.755	1.758
3.1	1.761	1.764	1.766	1.769	1.772	1.775	1.778	1.780	1.783	1.786
3.2	1.789	1.792	1.794	1.797	1.800	1.803	1.806	1.808	1.811	1.814
3.3	1.817	1.819	1.822	1.825	1.828	1.830	1.833	1.836	1.838	1.841
3.4	1.844	1.847	1.849	1.852	1.855	1.857	1.860	1.863	1.865	1.868
3.5	1.871	1.873	1.876	1.879	1.881	1.884	1.887	1.889	1.892	1.895
3.6	1.897	1.900	1.903	1.905	1.908	1.910	1.913	1.916	1.918	1.921
3.7	1.924	1.926	1.929	1.931	1.934	1.936	1.939	1.942	1.944	1.947
3.8	1.949	1.952	1.954	1.957	1.960	1.962	1.965	1.967	1.970	1.972
3.9	1.975	1.977	1.980	1.982	1.985	1.987	1.990	1.992	1.995	1.997
4.0	2.000	2.002	2.005	2.007	2.010	2.012	2.015	2.017	2.020	2.022
4.1	2.025	2.027	2.030	2.032	2.035	2.037	2.040	2.042	2.045	2.047
4.2	2.049	2.052	2.054	2.057	2.059	2.062	2.064	2.066	2.069	2.071
4.3	2.074	2.076	2.078	2.081	2.083	2.086	2.088	2.090	2.093	2.095
4.4	2.098	2.100	2.102	2.105	2.107	2.110	2.112	2.114	2.117	2.119
4.5	2.121	2.124	2.126	2.128	2.131	2.133	2.135	2.138	2.140	2.142
4.6	2.145	2.147	2.149	2.152	2.154	2.156	2.159	2.161	2.163	2.166
4.7	2.168	2.170	2.173	2.175	2.177	2.179	2.182	2.184	2.186	2.189
4.8	2.191	2.193	2.195	2.198	2.200	2.202	2.205	2.207	2.209	2.211
4.9	2.214	2.216	2.218	2.220	2.223	2.225	2.227	2.229	2.232	2.234
5.0	2.236	2.238	2.241	2.243	2.245	2.247	2.249	2.252	2.254	2.256
5.1	2.258	2.261	2.263	2.265	2.267	2.269	2.272	2.274	2.276	2.278
5.2	2.280	2.283	2.285	2.287	2.289	2.291	2.293	2.296	2.298	2.300
5.3	2.302	2.304	2.307	2.309	2.311	2.313	2.315	2.317	2.319	2.322

$\sqrt{2}$, $\sqrt{3}$, $\sqrt{5}$의 근삿값을 찾을 수 있다. 세로축은 제곱근 안의 자연수와 소수 첫째 자릿수이며, 가로축은 소수점 둘째 자릿수이다. 그 두 축이 만나는 숫자가 제곱근의 근삿값이다. $\sqrt{3.65}$ 의 값은 세로축의 3.6과 가로축의 5가 만나는

근삿값인 1.910이다. 그리고 $\sqrt{2.27}$ 도 마찬가지 방법으로 1.507인 것을 확인할 수 있다.

예제 앞쪽의 제곱근표를 활용하여 $\sqrt{4.68}$ 의 값을 찾으시오.

34 황금비 공식

공식

$$\frac{1+\sqrt{5}}{2}:1 \approx 1.618:1$$

정리

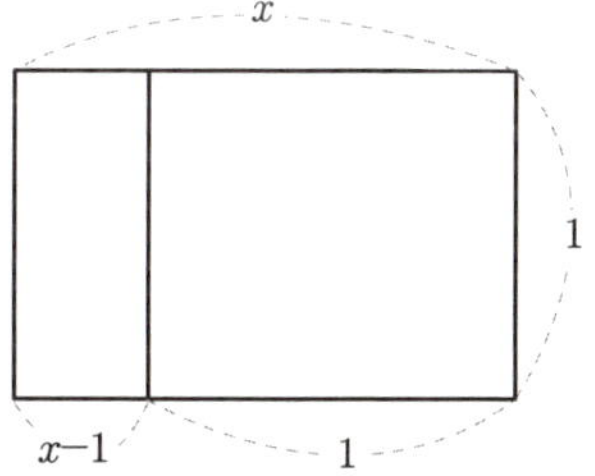

가로가 x이고 세로 길이가 1인 직사각형을 머릿속에 떠올려 보자. 이때 가로의 길이를 1만큼 잘라내면 남은 사각형은 원래의 사각형과 닮은 도형이다. 닮은 도형은 가로와 세로의 길이가 비례식을 갖는다.

따라서 $x:1=1:x-1$로 비례식을 세워서 내항끼리 외항끼리 곱하여 $x(x-1)=1$

의 식을 $x^2-x-1=0$이라는 방정식으로 세운다. 근의 공식으로 x는 $\frac{1\pm\sqrt{5}}{2}$의 두 근이 나오지만 x는 길이이므로 0보다 커서 황금비는 $\frac{1+\sqrt{5}}{2}$이다. 따라서 황금비의 공식은 $\frac{1+\sqrt{5}}{2}:1\approx1.618:1$이다.

35 제곱 공식

공식

$$(a+b)^2=a^2+2ab+b^2$$

$$(a-b)^2=a^2-2ab+b^2$$

정리

제곱 공식 $(a+b)^2$은 한 변의 길이가 a인 정사각형의 넓이를 가로와 세로의 길이를 b만큼 늘린 도형의 넓이로 생각하면 된다.

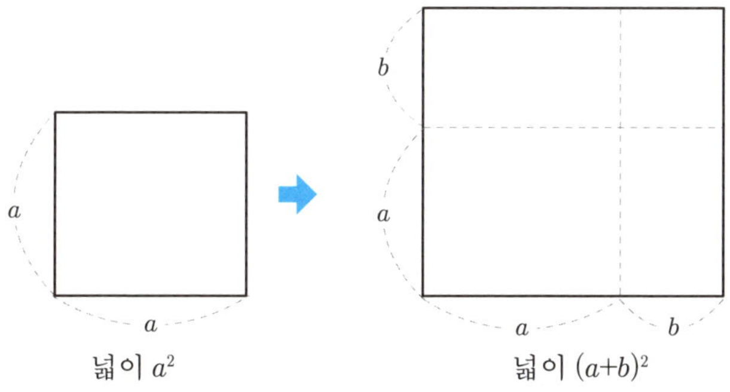

$(a+b)^2$을 다음처럼 전개하면 제곱 공식이 증명된다.

$(a+b)^2=(a+b)(a+b)$

$=a^2+ab+ba+b^2$

$=a^2+2ab+b^2$

마찬가지 방법으로 제곱 공식$(a-b)^2$을 다음처럼 전개하면 증명된다.

$(a-b)^2=(a-b)(a-b)$

$=a^2-ab-ba+b^2$

$=a^2-2ab+b^2$

예제 $(40-2)^2$을 제곱 공식을 이용하여 계산하시오.

36 이차식의 곱셈 공식

공식

$$(x+a)(x+b)=x^2+(a+b)x+ab$$

$$(ax+b)(cx+d)=acx^2+(ad+bc)x+bd$$

정리

(일차식)×(일차식)은 (이차식)이 되는 계산 순서에 따라 계산한다.

$(x+a)(x+b)=x^2+bx+ax+ab=x^2+(a+b)x+ab$

$(ax+b)(cx+d)=acx^2+adx+bcx+bd=acx^2+(ad+bc)x+bd$

예제 $(3x+2)(5x+1)$을 곱셈 공식을 이용하여 전개하시오.

37 합차 공식

공식

$$(a+b)(a-b)=a^2-b^2$$

정리

합차공식은 순서대로 직접 전개하면 공식이 증명된다.

$$\begin{aligned}(a+b)(a-b)&=a^2-ab+ba-b^2\\&=a^2-b^2\end{aligned}$$

합차공식은 다음 그림처럼 가로와 세로의 길이가 $a+b$와 $a-b$인 직사각형의 넓이를 구하는 것과 같다. 그림도 하나의 증명방법이다.

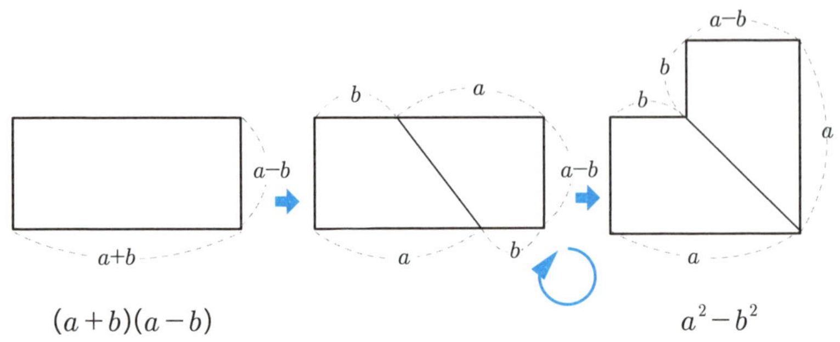

두 번째 그림처럼 2개의 합동인 사다리꼴로 나눈 뒤, 오른쪽 사다리꼴을 회전하여 세 번째 그림처럼 만들면 한 변의 길이가 a인 정사각형의 넓이에서 한 변의 길이가 b인 정사각형의 차인 a^2-b^2이 된다. 따라서 $(a+b)(a-b)=a^2-b^2$이 증명된다.

예제 42×38을 합차공식으로 구하시오.

38 제곱식 인수분해 공식

공식

(1) $a^2-b^2=(a+b)(a-b)$

(2) $a^2+2ab+b^2=(a+b)^2$

(3) $a^2-2ab+b^2=(a-b)^2$

정리

인수분해를 하는 이유는 무엇일까?

우선 이차방정식 이상의 방정식의 근을 찾기 위해서이다. 이차방정식 이상의 방정식에서 근을 구하는 방법은 완전제곱식, 근의 공식, 인수분해, 치환으로 푸는 방법 등이 있다.

두 번째로는 계산을 편리하게 할 때가 있다. 또한 소인수분해도 인수분해의 부류에 속하므로 간단한 공통 인수나 식으로 묶는 것을 의미한다는 것을 잊지 말자.

계산을 편리하게 하는 예를 들어보겠다. 101^2-99^2을 계산해 보자.

101^2이나 99^2이 암산으로 바로 나오지는 않을 것이다. 당연히 두 제곱수를 뺀 계산값도 바로 암산할 수 없을 것이다. 이때는 (1)을 이용해 계산하면 된다.

$(101+99)(101-99)=200\times2=400$이 되어 빠른 계산이 가능할 것이다.

(2)와 (3)은 곱셈공식을 반대로 하면 인수분해가 된다는 것을 확인할 수 있다.

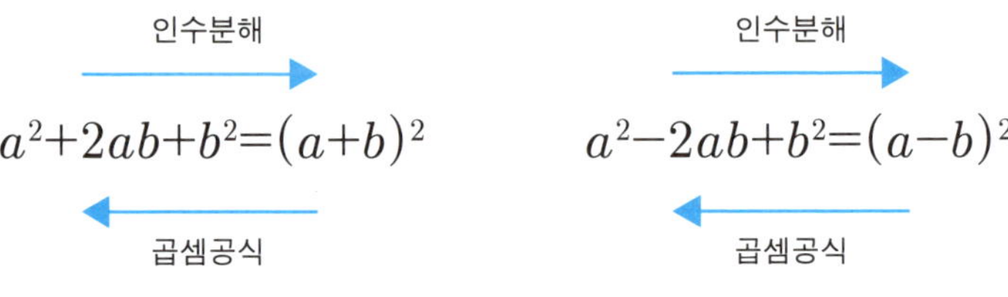

예제 $a^2+14a+49$를 제곱식으로 인수분해하시오.

39 이차다항식의 인수분해 공식

공식

(1) $x^2+(a+b)x+ab=(x+a)(x+b)$

(2) $acx^2+(ad+bc)x+bd=(ax+b)(cx+d)$

정리

(1)번은 이차다항식의 인수분해 중에서 x^2의 계수가 1일 때의 인수분해 공식이다.

인수분해 방법은 다음 그림처럼 나타낼 수 있다.

$$x^2+(a+b)x+ab=(x+a)(x+b)$$

$$\begin{array}{ccccc} x & \searrow\!\!\!\!\nearrow & a & \rightarrow & ax \\ x & & b & \rightarrow & \underline{bx} \\ & & & & (a+b)x \end{array}$$

예를 들어 x^2+5x+6을 인수분해하는 과정은 다음과 같다.

$$x^2+(2+3)x+6=(x+2)(x+3)$$

$$\begin{array}{ccccc} x & \searrow\!\!\!\!\nearrow & 2 & \rightarrow & 2x \\ x & & 3 & \rightarrow & \underline{3x} \\ & & & & (2+3)x \end{array}$$

(2)번은 x^2의 계수가 1이 아닐 때 인수분해 공식이다. 인수분해 방법은 다음 그림처럼 나타낼 수 있다.

$$acx^2+(ad+bc)x+bd=(ax+b)(cx+d)$$

$$\begin{array}{lcl} ax & \searrow\!\!\!\nearrow\ b & \rightarrow\ bcx \\ cx & & d\ \rightarrow\ \underline{adx} \\ & & \quad (ad+bc)x \end{array}$$

예를 들어 $6x^2+17x+5$를 인수분해하는 과정은 다음과 같다.

$$6x^2+(2+15)x+5=(2x+5)(3x+1)$$

$$\begin{array}{lcl} 2x & \searrow\!\!\!\nearrow\ 5 & \rightarrow\ 15x \\ 3x & & 1\ \rightarrow\ \underline{2x} \\ & & \quad (15+2)x \end{array}$$

x의 계수가 음수인 -17일 때는 인수분해의 방법은 차이가 있다.

$6x^2-17x+5$의 인수분해는 어떻게 하는지 다음 그림을 보면 된다.

$$6x^2-(2+15)x+5=(2x-5)(3x-1)$$

$$\begin{array}{lcl} 2x & \searrow\!\!\!\nearrow\ -5 & \rightarrow\ -15x \\ 3x & & -1\ \rightarrow\ \underline{-2x} \\ & & \quad -(15+2)x \end{array}$$

예제 $30x^2+19x-4$를 인수분해하시오.

40 근의 공식

공식

$ax^2+bx+c=0$일 때(단 $a\neq0$)

$$x=\frac{-b\pm\sqrt{b^2-4ac}}{2a}$$

정리

근의 공식은 다음 5단계로 증명할 수 있다. 처음에는 어려울 수도 있지만 이해하고 공식을 암기한다면 매우 편해질 것이다. 이를 위해 스스로 근의 공식을 유도하는 연습을 여러 번 해 봐야 한다.

1단계: 이차항의 계수는 1로 한다. 만약 이차항의 계수에 0이 아닌 상수가 있다면 그 상수로 나눈다.

$ax^2+bx+c=0$

양 변을 a로 나눈다.

$$x^2+\frac{b}{a}x+\frac{c}{a}=0$$

2단계: 상수항을 우변으로 이항한다.

$$x^2+\frac{b}{a}x=-\frac{c}{a}$$

3단계: 양 변에 $\left(\frac{\text{일차항의 계수}}{2}\right)^2$을 더한다.

$$x^2+\frac{b}{a}x+\left(\frac{b}{2a}\right)^2=-\frac{c}{a}+\left(\frac{b}{2a}\right)^2$$

4단계: 좌변을 완전제곱식으로 바꾼다.

$$\left(x+\frac{b}{2a}\right)^2=-\frac{c}{a}+\frac{b^2}{4a^2}$$

$$\left(x+\frac{b}{2a}\right)^2=\frac{b^2-4ac}{4a^2}$$

5단계: 제곱근을 이용해 이차방정식을 푼다.

$$x+\frac{b}{2a}=\pm\frac{\sqrt{b^2-4ac}}{2a}$$

$$\therefore x=\frac{-b\pm\sqrt{b^2-4ac}}{2a}$$

예제 근의 공식을 이용하여 $2x^2+x-1=0$의 근을 구하시오.

41 짝수 근의 공식

공식

$$ax^2+2b'x+c=0\text{일 때}(a\neq 0)$$

$$x=\frac{-b'\pm\sqrt{b'^2-ac}}{a}$$

정리

이차방정식에서 일차항의 계수가 짝수일 때 근의 공식은 이미 설명한 근의 공식과 차이가 있다. 일차항의 계수가 짝수이면 조금 더 간단히 계산할 수 있다는 장점이 있다. $ax^2+2b'x+c=0$을 근의 공식에 적용하면 다음과 같다.

$$x=\frac{-2b'\pm\sqrt{(2b')^2-4ac}}{2a}$$

제곱근 안을 전개하면

$$=\frac{-2b'\pm\sqrt{4b'^2-4ac}}{2a}$$

제곱근 안의 4를 밖으로 끄집어내면

$$= \frac{-2b' \pm \sqrt{4(b'^2 - ac)}}{2a}$$

분모, 분자를 약분하면

$$= \frac{-2b' \pm 2\sqrt{b'^2 - ac}}{2a}$$

$$= \frac{-b' \pm \sqrt{b'^2 - ac}}{a}$$

예제 $3x^2 + 2x - 8 = 0$을 짝수 근의 공식을 이용하여 구하시오.

42 근과 계수의 관계 공식

공식

$ax^2+bx+c=0(a\neq0)$의 근이 α, β이면

$$\alpha+\beta=-\frac{b}{a},\ \alpha\beta=\frac{c}{a}$$

정리

근과 계수의 관계는 이차방정식의 두 근 α와 β의 합과 곱에 관한 공식으로 **'비에트의 정리'**라고도 한다.

근의 공식으로 두 근을 α와 β로 할 때

두 근의 합 $\alpha+\beta=\frac{-b+\sqrt{b^2-4ac}}{2a}+\frac{-b-\sqrt{b^2-4ac}}{2a}=-\frac{b}{a}$ 이다.

두 근의 곱 $\alpha\beta=\left(\frac{-b+\sqrt{b^2-4ac}}{2a}\right)\times\left(\frac{-b-\sqrt{b^2-4ac}}{2a}\right)$

$=\frac{(-b)^2-(\sqrt{b^2-4ac})^2}{4a^2}=\frac{c}{a}$ 이다.

예제 $5x^2+7x+6=0$의 두 근을 α, β로 나타낼 때 두 근의 합 $\alpha+\beta$와 두 근의 곱 $\alpha\beta$를 구하시오.

43 삼각비 공식

공식

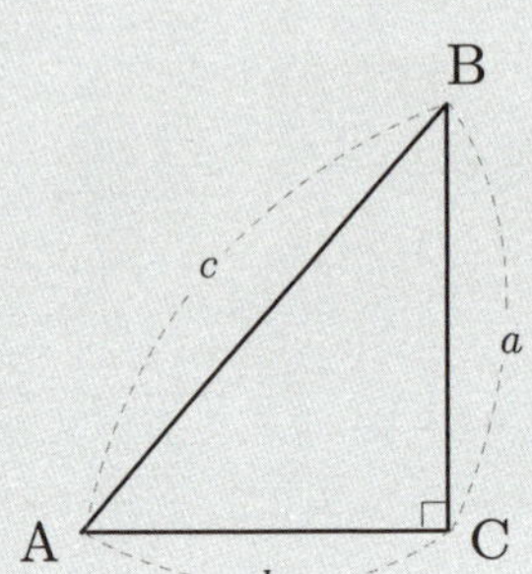

$$\sin A=\frac{a}{c},\ \cos A=\frac{b}{c},\ \tan A=\frac{a}{b}$$

정리

직각삼각형에서 두 변의 길이의 비를 삼각비로 부른다. 사인(sin)은 $\frac{\text{높이}}{\text{빗변}}$ 이며, 코사인(cos)은 $\frac{\text{밑변}}{\text{빗변}}$이며 탄젠트(tan)는 $\frac{\text{높이}}{\text{밑변}}$이다. 높이를 a, 밑변을 b, 빗변을 c로 할 때 $\sin A=\frac{a}{c}$, $\cos A=\frac{b}{c}$, $\tan A=\frac{a}{b}$이다.

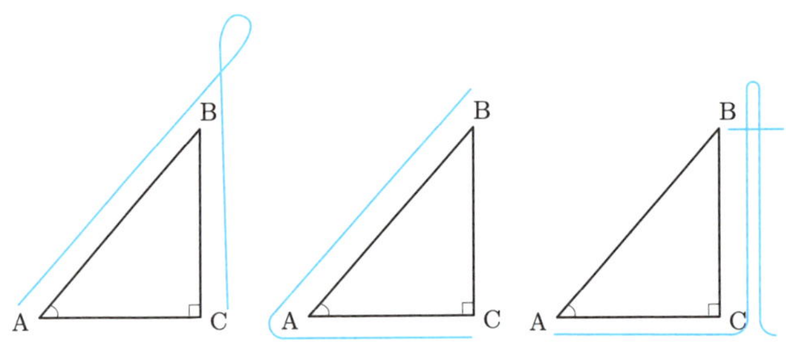

$$\sin A=\frac{a}{c},\ \cos A=\frac{b}{c},\ \tan A=\frac{a}{b}$$

삼각비는 직각삼각형의 크기와 관계가 없다. 삼각비는 비례 관계를 나타내므로 직각삼각형의 각도와 관계가 있다.

예제 다음 직각삼각형의 삼각비의 값을 구하시오.

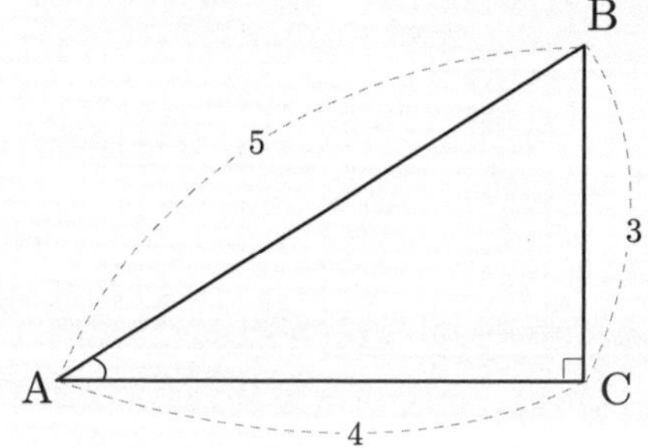

44 직각삼각형의 넓이 공식

공식

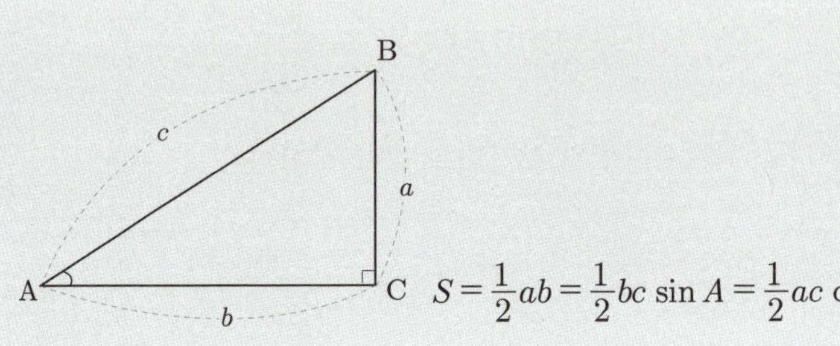

$$S = \frac{1}{2}ab = \frac{1}{2}bc \sin A = \frac{1}{2}ac \cos A$$

정리

직각삼각형 ABC의 넓이를 밑변과 높이를 이용해 구하면 밑변의 길이가 b이고 높이가 a이므로 $S = \frac{1}{2}ab$ 이다. 이번에는 삼각비를 이용하여 직각삼각형의 넓이를 나타내보자.

$\sin A = \frac{a}{c}$ 이므로 $a = c\sin A$로 바꾸어 S에 대입하면

$S = \frac{1}{2}ab = \frac{1}{2}c \sin A \times b = \frac{1}{2}bc \sin A$이다.

그리고 $\cos A = \frac{b}{c}$이므로 $b = c \cos A$로 바꾸어 S에 대입하면

$S = \frac{1}{2}ab = \frac{1}{2}a \times c \cos A = \frac{1}{2}ac \cos A$이다.

예제 다음 직각삼각형의 넓이를 삼각비를 이용한 공식으로 풀어 보시오.

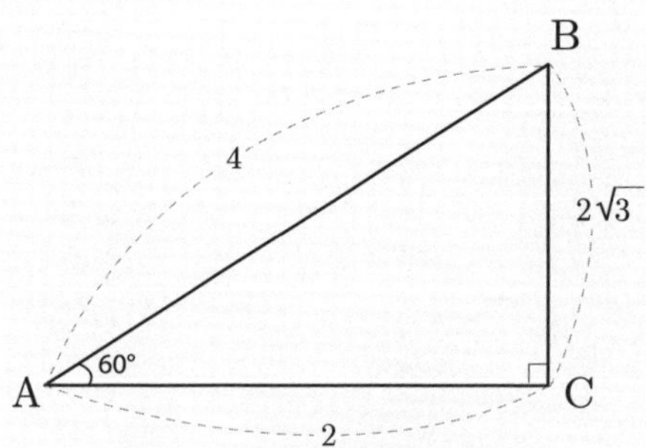

45 각과 삼각형의 넓이 공식

공식

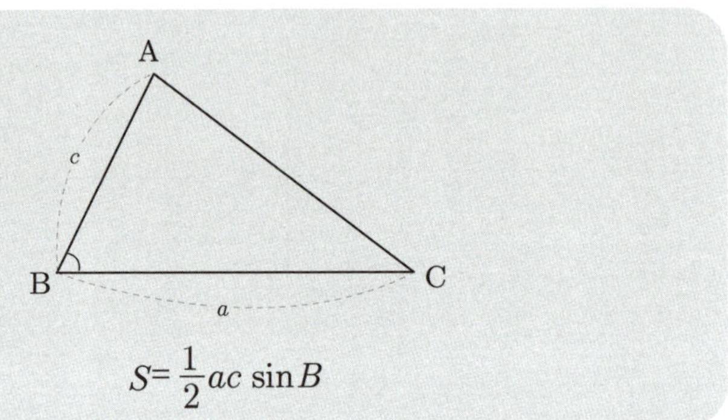

$$S=\frac{1}{2}ac\sin B$$

정리

두 변과 끼인각의 크기가 주어지면 삼각형의 넓이를 구할 수 있다. 밑변의 길이와 높이를 이용해 구하는 것과는 다른 방법이다. 다음 그림처럼 꼭짓점 A에서 $\overline{\mathrm{BC}}$에 그은 수선의 발을 H로 정하고 삼각비를 이용하여 $h=c\sin B$로 나타낸다.

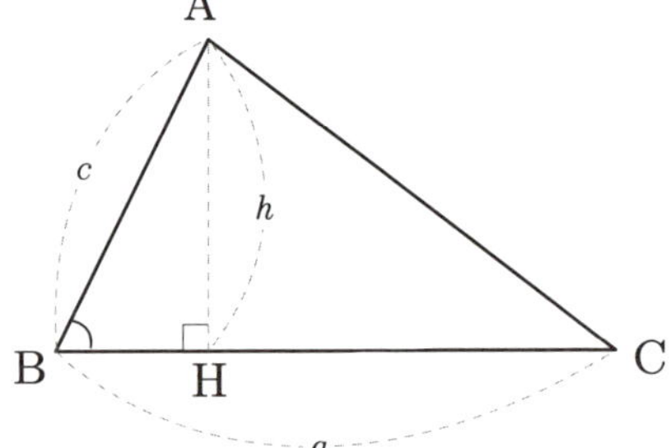

따라서 삼각형 ABC의 넓이는 $\frac{1}{2}ah = \frac{1}{2}a \times c \sin B = \frac{1}{2}ac \sin B$이다.

예제 다음 삼각형 ABC의 넓이를 구하시오.

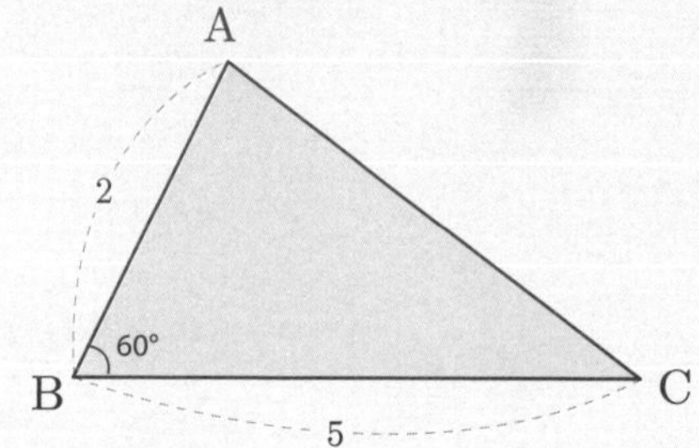

46 원주각과 중심각 공식

공식

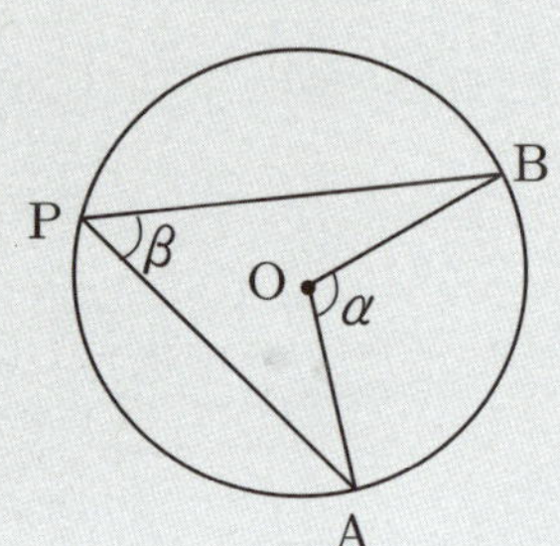

$$\beta = \frac{1}{2}\alpha$$

정리

원주각과 중심각의 관계는 '원주각은 중심각의 $\frac{1}{2}$ 이다'이다. 이에 대해 증명해 보자.

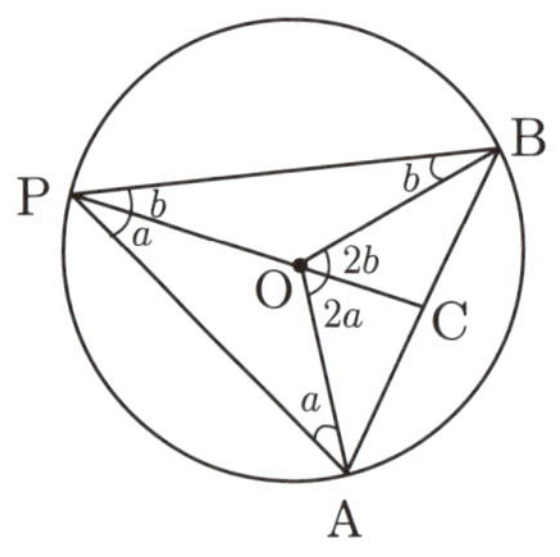

우선 점 A와 점 B를 이어서 선분 $\overline{AB}$를 만들고 점 P에서 원점을 지나 $\overline{AB}$에 내린 점 C를 정한다.

$\triangle OPA$는 이등변삼각형이므로 $\angle OPA = \angle a$로 정하면 $\angle OAP = \angle a$이다.

그러므로 $\angle AOC = 2\angle a$……①

$\triangle OBP$도 이등변삼각형이므로 $\angle OPB = \angle b$로 정하면

$\angle OBP = \angle b$이다.

그러므로 $\angle BOC = 2\angle b$……②

①과 ②에 의해 $\angle AOB = 2\angle a + 2\angle b$……③

$\angle APB = \angle a + \angle b$이므로 $\angle APB = \frac{1}{2}\angle AOB$……④

따라서 $\angle APB = \beta$, $\angle AOB = \alpha$로 정하면 $\beta = \frac{1}{2}\alpha$

예제 다음 그림에서 $\angle BCD = 100^\circ$일 때 $\angle x + \angle y$의 크기를 구하시오.

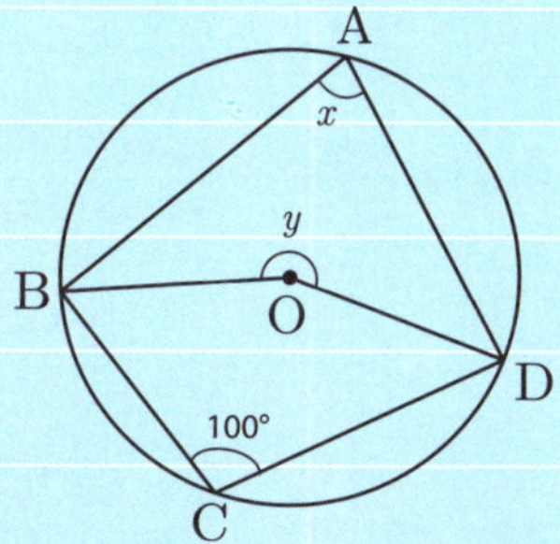

접현의 정리

공식

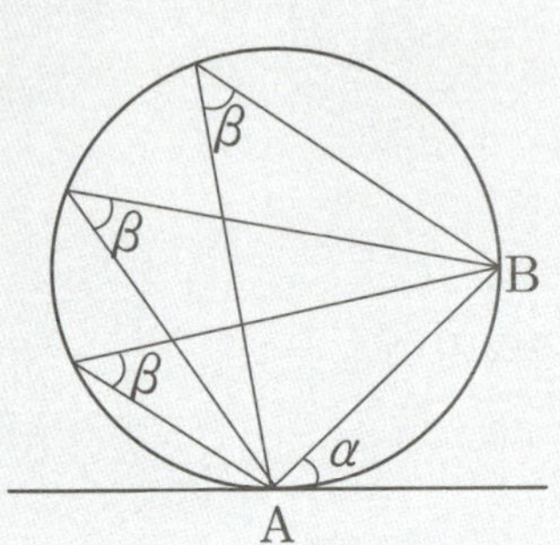

$\beta=\alpha$

l: 원의 접선

α : $\overline{\mathrm{AB}}$와 직선 l이 이루는 각

β : $\widehat{\mathrm{AB}}$에 대한 원주각

정리

접현의 정리는 접선과 현이 이루는 각에 대한 정리로써 '원의 접선과 그 접점을 지나는 현이 이루는 각의 크기는 그 각의 내부에 있는 호에 대한 원주각의 크기와 같다는 정리'이다.

접현의 정리에 대한 증명은 α인 $\angle\mathrm{BAT}$와 β인 $\angle\mathrm{BCA}$가 같음을 증명하면 된다. 그리고 3개의 β는 원주각이므로 하나의 β만 α와 같으면 증명은 완료된다.

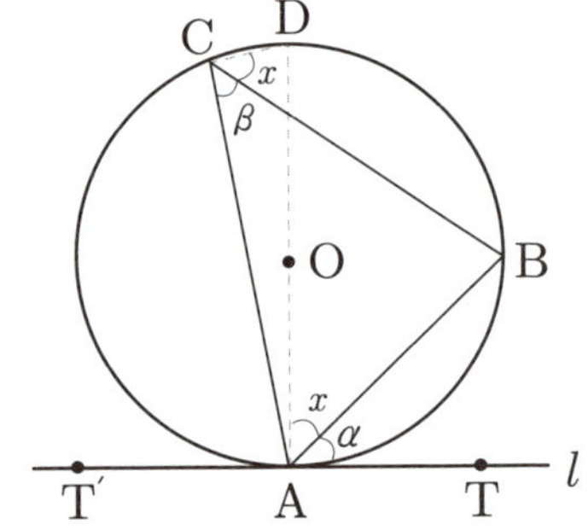

점 A에서 원의 중심 O를 지나는 할선을 그어서 점D를 정하면 $\angle DAT'=90°$……①

지름 AD에 대한 원주각 $\angle DCA=90°$……②

①, ②에 의해 $\angle DAT=90°$……③

$\overset{\frown}{BD}$ 에 대한 원주각의 크기는 같으므로 $\angle DAB=\angle DCB$……④

④에 의해 $\angle BAT=90°-\angle DAB=90°-\angle DCB=\angle BCA$

따라서 $\angle BAT=\angle BCA$

예제 $\overline{PT}$는 점 P를 접점으로 하는 원 O의 접선이다. $\angle x$의 크기를 구하시오.

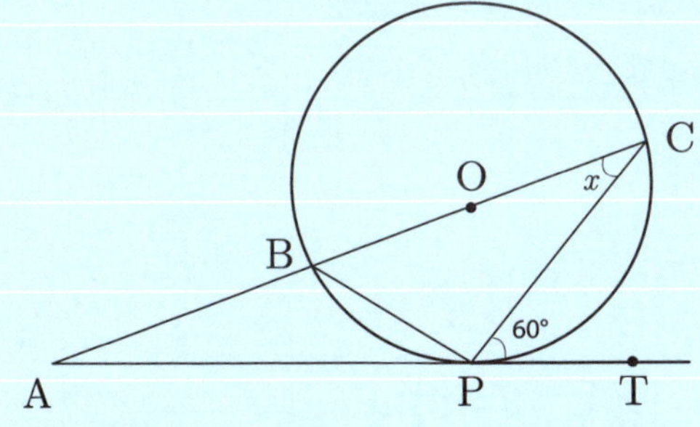

48 방멱의 정리

공식

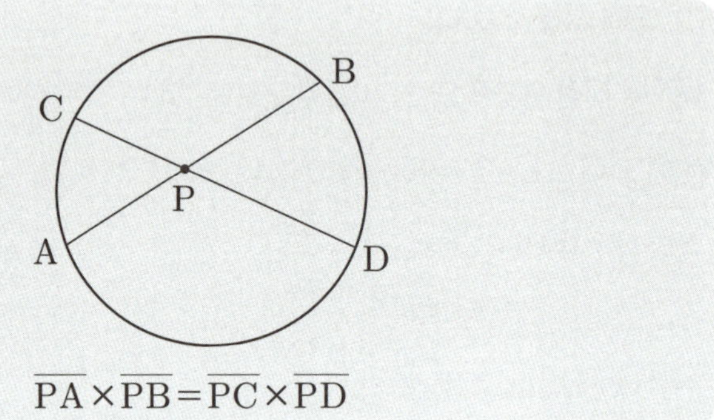

$\overline{PA}\times\overline{PB}=\overline{PC}\times\overline{PD}$

정리

방멱의 정리는 원과 비례의 관계로 원 안의 현이 한 점에서 만날 때 나누어지는 선분에 관한 정리이다. 우선 점 C와 A, 점 B와 D를 이어서 두 개의 삼각형 $\triangle$CPA와 $\triangle$BDP를 만들어 보자.

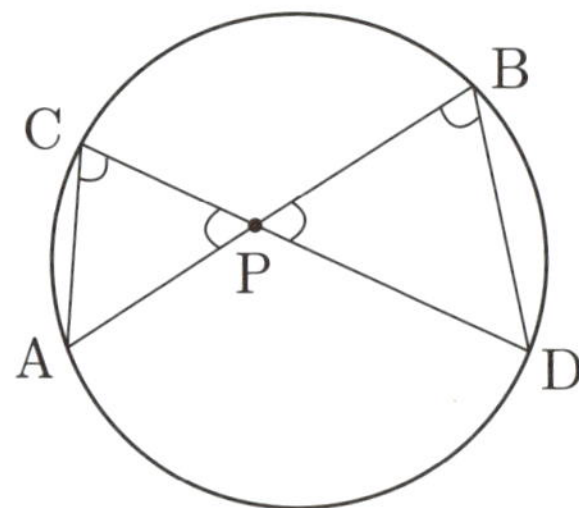

$\overset{\frown}{AD}$에 대한 원주각이 같으므로 $\angle ACD = \angle ABD$ ……①

맞꼭지각이 같으므로 $\angle CPA = \angle BPD$ ……②

①과 ②에 의해 $\triangle CAP \backsim \triangle BDP$(AA닮음) ……③

$\triangle CAP$와 $\triangle BDP$을 대응하는 두 변으로 비례식을 세우면 $\overline{CP} : \overline{BP} = \overline{AP} : \overline{DP}$와 같다. 따라서 $\overline{PA} \times \overline{PB} = \overline{PC} \times \overline{PD}$

예제 다음 그림에서 $\overline{PA} = 3\text{cm}$, $\overline{PB} = 4\text{cm}$, $\overline{PC} = 2\text{cm}$일 때 $\overline{PD}$의 길이를 구하시오.

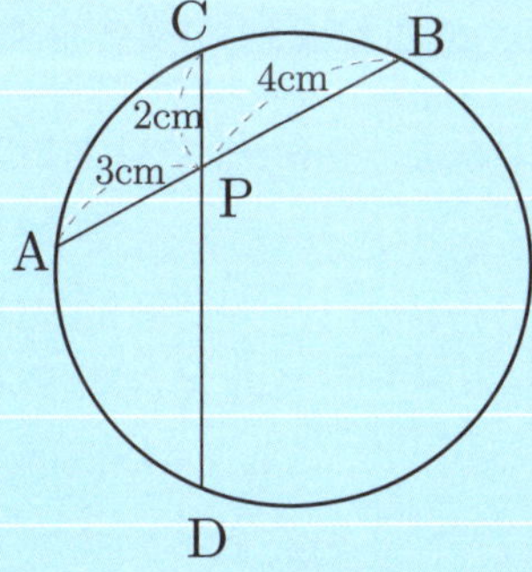

정삼각형의 높이 공식

공식

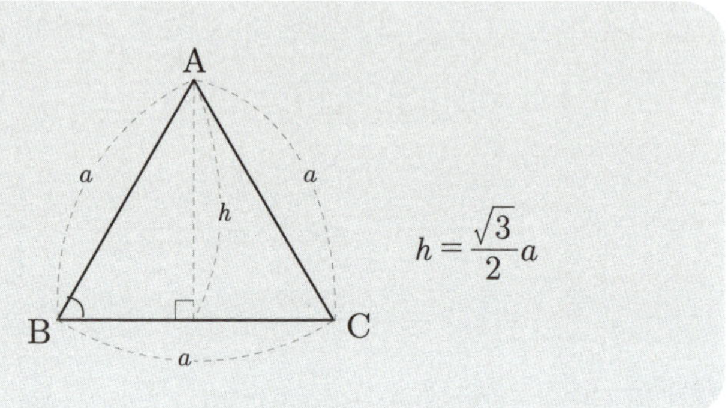

정리

정삼각형은 세 변의 길이가 모두 같은 삼각형이다. 또한 세 각의 크기가 모두 같으므로 한 각의 크기는 $60°$이다.

정삼각형의 높이는 삼각비로 구할 수 있다. 삼각비로 구할 수 있는 이유는 정삼각형의 높이를 나타낼 때 특수각 $30°$, $60°$, $90°$가 있기 때문이다. 꼭짓점 A에서 수선의 발을 내려서 점 H로 정하면 높이를 구할 수 있다.

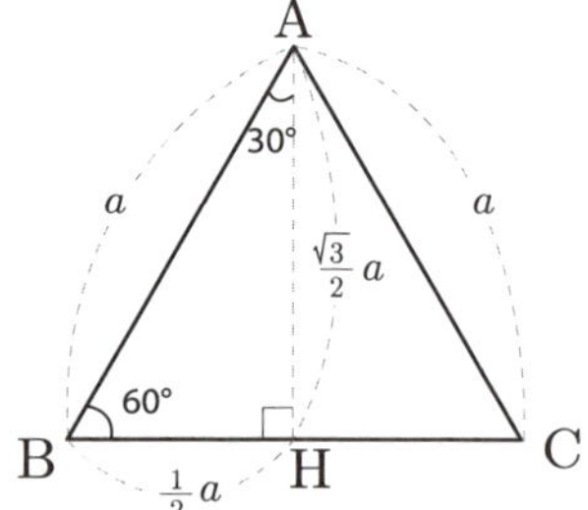

직각삼각형 ABH에서 ∠B가 60°이면 $\overline{AB}:\overline{BH}:\overline{AH}=2:1:\sqrt{3}$이다. $\overline{AB}$가 a이면 $\overline{BH}$는 $\frac{1}{2}a$, $\overline{AH}$는 $\frac{\sqrt{3}}{2}a$이다. 따라서 높이 $h=\frac{\sqrt{3}}{2}a$이다.

예제 한 변의 길이가 3cm인 정삼각형의 높이를 구하시오.

50 정삼각형의 넓이 공식

공식

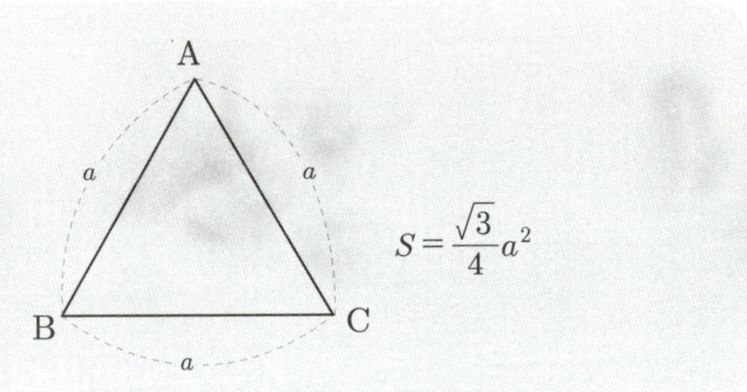

정리

정삼각형의 넓이를 구하기 위해서는 밑변의 길이와 높이를 알아야 한다. 밑변의 길이는 a이고, 높이는 앞 단원의 공식을 적용하면 $\frac{\sqrt{3}}{2}a$이므로 삼각형의 넓이 $=\frac{1}{2}\times$(밑변의 길이)$\times$(높이)를 이용해 정삼각형의 넓이를 구할 수 있다. 따라서 정삼각형 ABC의 넓이 $S=\frac{1}{2}\times a\times\frac{\sqrt{3}}{2}a=\frac{\sqrt{3}}{4}a^2$ 이다.

예제 한 변의 길이가 5인 정삼각형의 넓이를 구하시오.

51 이등변삼각형의 넓이 공식

공식

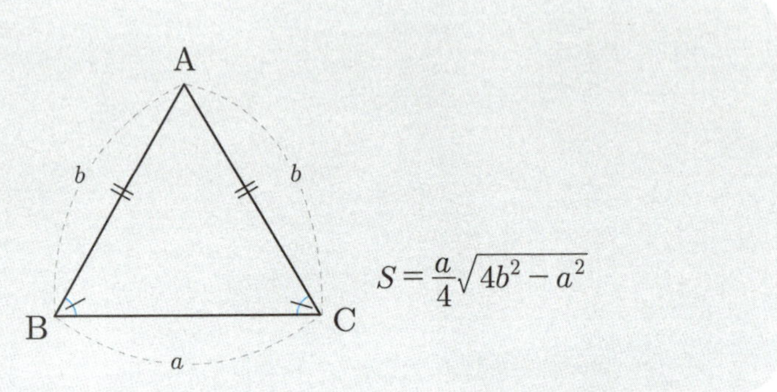

정리

이등변삼각형의 꼭짓점 A에서 $\overline{BC}$에 내린 수선의 발을 H로 하면 $\overline{AH}$의 길이는 피타고라스의 정리에 따라 $\overline{AH}=\sqrt{\overline{AB}^2-\overline{BH}^2}=\sqrt{b^2-\left(\frac{1}{2}a\right)^2}=\sqrt{\frac{4b^2-a^2}{4}}=\frac{\sqrt{4b^2-a^2}}{2}$이다.

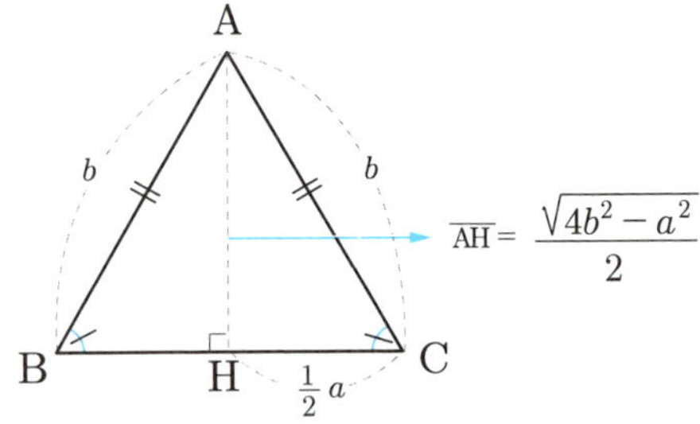

따라서 이등변삼각형의 넓이 $S=\frac{1}{2}\times a\times\frac{1}{2}\sqrt{4b^2-a^2}=\frac{a}{4}\sqrt{4b^2-a^2}$이다. 이 공식을 잊어버렸을 경우에는 피타고라스의 정리로 충분히 유도할 수 있다. 이 때는 가장 먼저 이등변삼각형의 꼭짓점에서 수선의 발을 내리면서 높이에 관한 식을 세우는 것이 중요하다.

예제 다음 그림처럼 밑변의 길이가 7, 등변의 길이가 9일 때 이등변삼각형의 넓이를 구하시오.

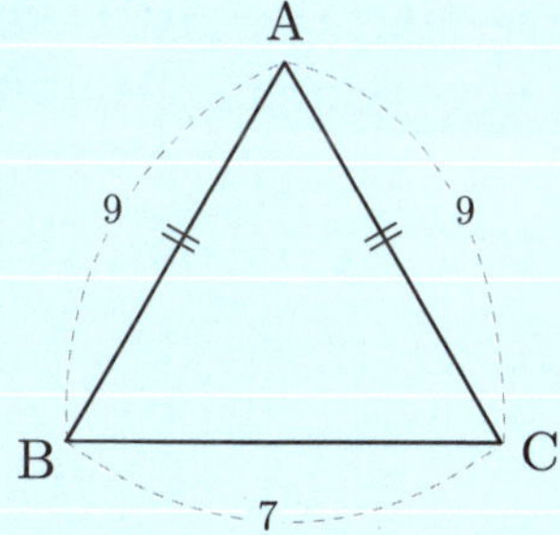

52 직사각형의 대각선의 길이 공식

공식

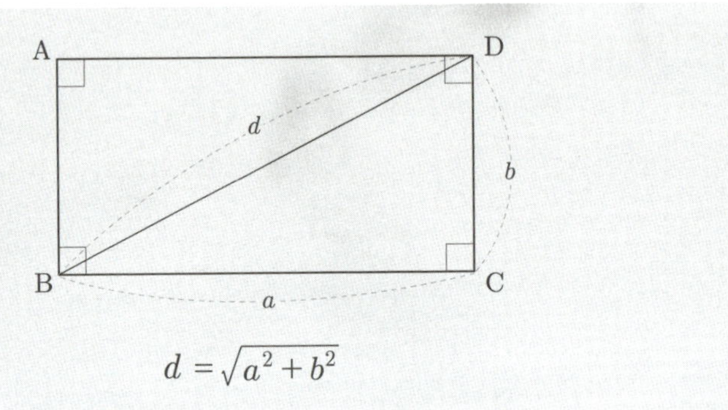

$$d = \sqrt{a^2 + b^2}$$

정리

직사각형의 대각선의 길이는 d로 나타낸다. d는 거리를 나타내는 영단어 'distance'의 약자이다. 앞으로 수학에서는 변의 길이 또는 대각선의 길이를 d로 나타낼 것이다. 직사각형의 대각선의 길이 공식은 피타고라스의 정리를 알면 유도할 수 있다.

d는 빗변의 길이이므로 직사각형의 대각선의 길이 $d = \sqrt{a^2 + b^2}$ 이다.

예제 가로와 세로의 길이가 각각 4와 6인 직사각형의 대각선의 길이를 구하시오.

53 사각형의 넓이 공식

공식

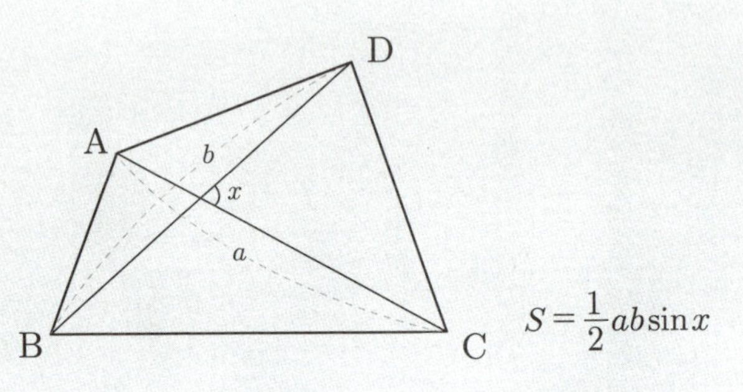

$$S = \frac{1}{2}ab\sin x$$

정리

사각형의 두 대각선의 길이와 사잇각을 알았을 때 넓이를 구하는 공식이 있다.

다음 그림을 보면서 그 공식을 유도하며 증명하자.

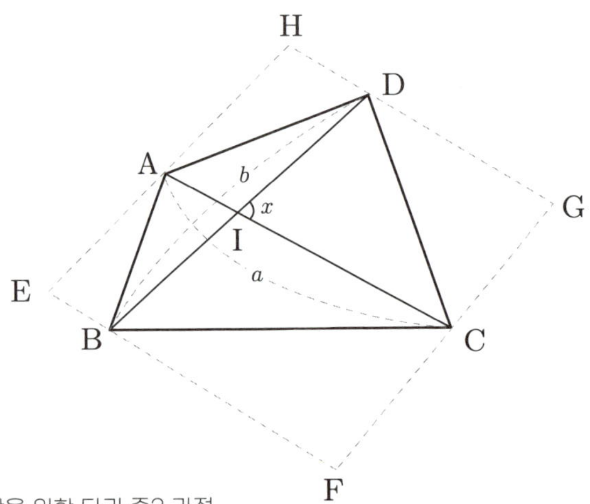

□ABCD의 대각선 $\overline{AC}$와 평행하고 길이가 같은 두 변 $\overline{EF}=\overline{HG}=a$……①

□ABCD의 대각선 $\overline{BD}$와 평행하고 길이가 같은 두 변 $\overline{EH}=\overline{FG}=b$……②

①과 ②에 의해 두 쌍의 대변이 평행하고 길이가 같으므로

□EFGH는 평행사변형이며, □ABCD$=\frac{1}{2}$□EFGH ……③

$\angle DIC=\angle AIB$(맞꼭지각), $\angle AIB=\angle AEB$(대각)이므로 $\angle AEB=\angle x$ ……④

따라서 ③과 ④에 의해서 □ABCD$=\frac{1}{2}$□EFGH$=\frac{1}{2}ab\sin x$

예제 사각형 ABCD의 넓이를 구하시오.

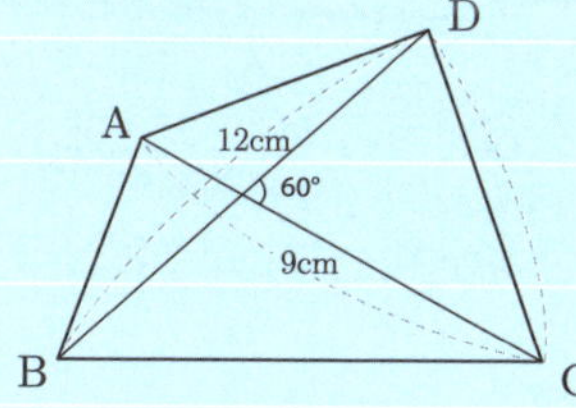

정오각형의 대각선 길이 공식

공식

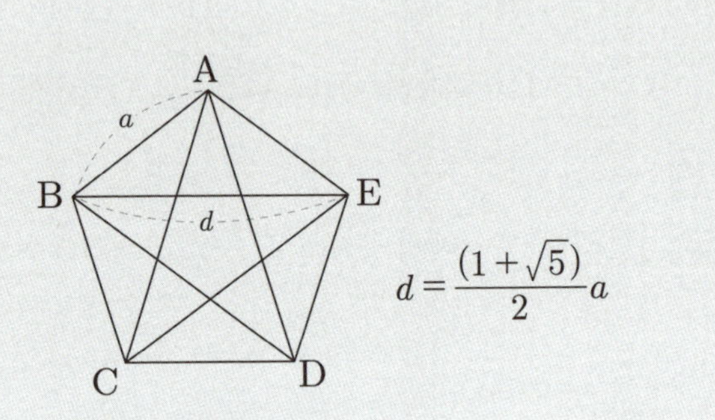

$$d=\frac{(1+\sqrt{5})}{2}a$$

정리

정오각형의 대각선 길이는 황금비를 나타낸다. 황금비는 고대 그리스에서 가장 이상적 비율로 믿었다. 피타고라스학파가 발견한 황금비는 최고의 이상적 비율인 것이다.

정오각형은 원 안에 오른쪽 그림처럼 나타낼 수도 있으며 한 내각의 크기가 $108°$이다. 이를 원주각의 성질에 따라 황금비를 구하는 공식에 적용하기 위해 나타낼 수 있다.

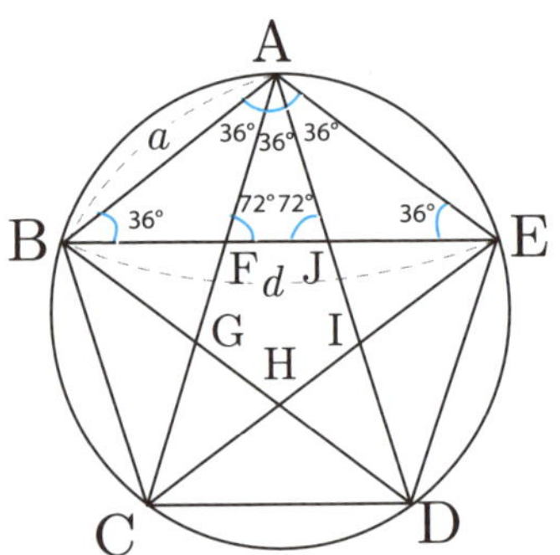

증명과정은 다음과 같다.

왼쪽 아래 그림에서 정오각형 ABCDE에서 △ABE∽△AFB(AA닮음) ……①

$\overline{AB}=a$, $\overline{BE}=d$ ……②

△EAF는 이등변삼각형이므로 $\overline{AE}=\overline{FE}$이므로 $\overline{BF}=d-a$ ……③

①, ②, ③에 의해 두 변의 대응하는 길이에 대한 비례식을 세우면

$a : d=d-a : a$ ……④

④의 비례식을 d에 관한 이차방정식으로 만들고 근의 공식을 이용하여 구하면 $d=\frac{a\pm\sqrt{5}a}{2}$ ……⑤

따라서 $d>0$이므로 $d=\frac{(1+\sqrt{5})}{2}a$

예제 한 변의 길이가 7인 정오각형의 대각선의 길이를 구하시오.

정육각형의 넓이 공식

공식

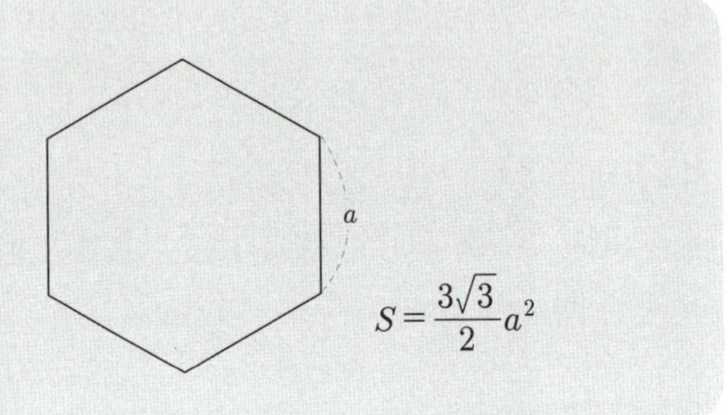

정리

정육각형은 벌집이나 축구 골대에서 흔히 볼 수 있는 모양이다. 가장 안정적인 도형으로 한 내각의 크기는 $120°$이다. 그리고 정삼각형 6개가 모여 만들 수 있는 도형이다. 따라서 정삼각형 1개의 넓이에 6을 곱하면 쉽게 넓이를 구할 수 있다.

한 변의 길이가 a인 정삼각형의 넓이는 $\frac{\sqrt{3}}{4}a^2$이므로 정육각형의 넓이 $S=\frac{\sqrt{3}}{4}a^2\times 6=\frac{3\sqrt{3}}{2}a^2$이다.

예제 한 변의 길이가 8인 정육각형의 넓이를 구하시오.

정사각뿔의 높이 공식

공식

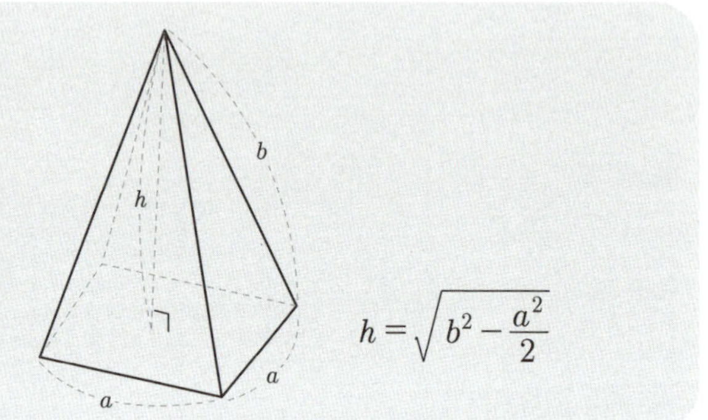

$$h=\sqrt{b^2-\frac{a^2}{2}}$$

정리

정사각뿔의 높이 h는 피타고라스의 정리로 정리해서 a와 b로 나타내도록 유도한다. 정사각뿔의 꼭짓점에서 수선의 발을 H로 정한다.

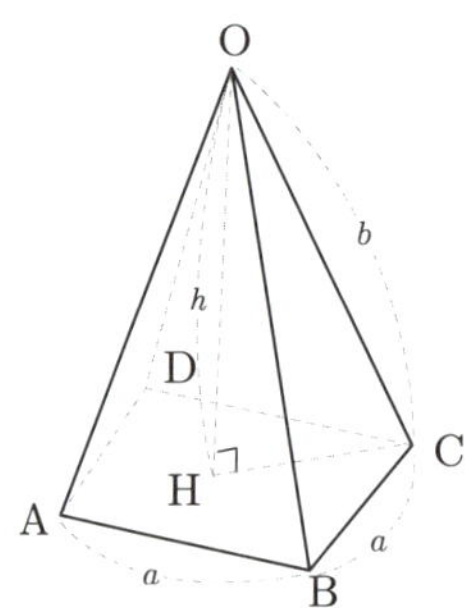

$\overline{OH}^2 = \overline{OC}^2 - \overline{CH}^2$

양 변에 제곱근을 씌우면

$\overline{OH} = \sqrt{\overline{OC}^2 - \overline{CH}^2}$

$\overline{OH} = h, \overline{CH} = \frac{\sqrt{2}}{2}a, \overline{OC} = b$ 로 각각 나타내면

$h = \sqrt{b^2 - \left(\frac{\sqrt{2}}{2}a\right)^2}$

따라서 $h = \sqrt{b^2 - \frac{a^2}{2}}$

예제 다음 정사각뿔의 높이를 구하시오.

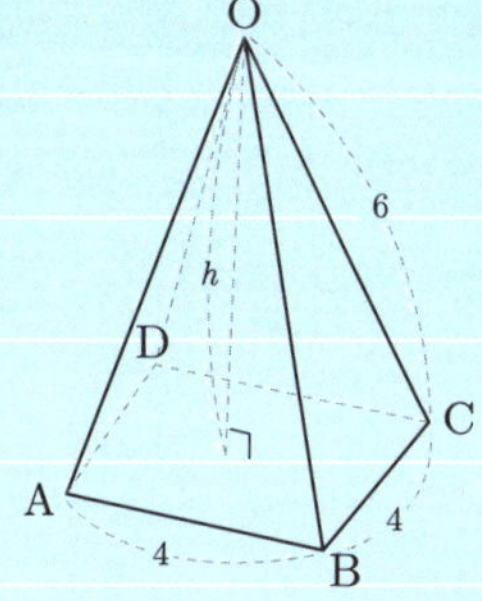

57 정사각뿔의 겉넓이 공식

공식

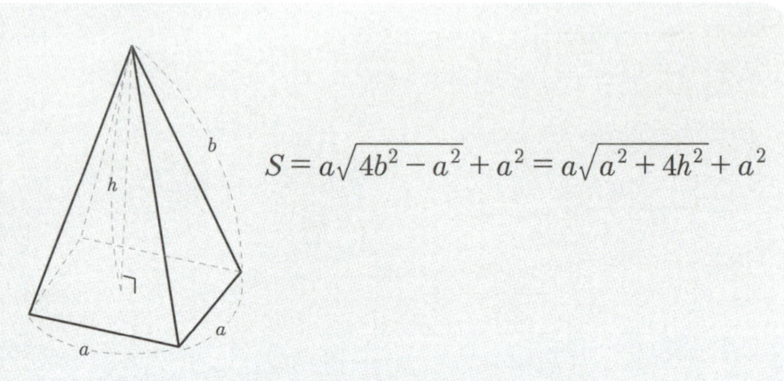

$$S = a\sqrt{4b^2 - a^2} + a^2 = a\sqrt{a^2 + 4h^2} + a^2$$

정리

정사각뿔의 겉넓이 공식은 전개도를 그리면 금방 유도할 수 있다. 다만 정사각뿔의 옆면인 합동인 이등변삼각형이 4개이므로 이 중 1개를 선택하여 피타고라스의 정리로 높이를 구하면 겉넓이 공식은 유도된다.

오른쪽 그림처럼 전개도를 그린 뒤 △ODC에서 높이를 피타고라스의 정리로 구하면 겉넓이를 구할 수 있다.

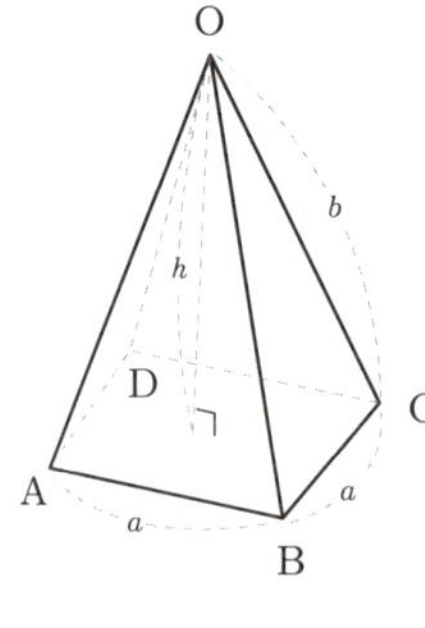

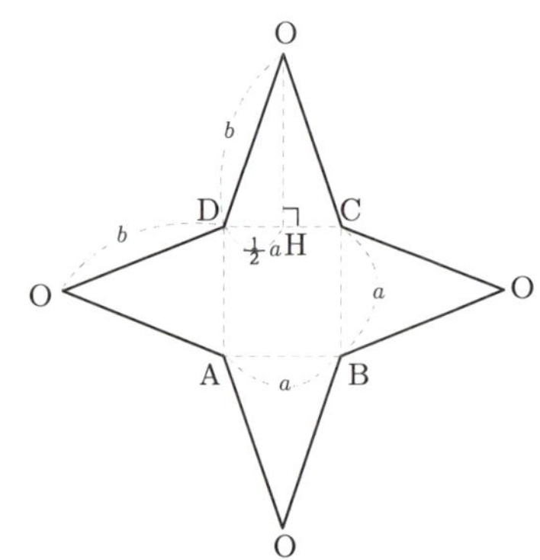

△ODC에서 꼭짓점 O에서 내린 수선의 발을 H로 정하면 직각삼각형 ODH에서 $\overline{\mathrm{OH}}$의 길이를 구한다. 피타고라스의 정리를 이용하면 $\sqrt{b^2-\frac{1}{4}a^2}$ 이므로 △ODC의 넓이는 $\frac{1}{2}\times a\times\sqrt{b^2-\frac{1}{4}a^2}=\frac{a}{4}\sqrt{4b^2-a^2}$ 이다.

전개도에는 △ODC를 포함한 옆면 4개와 밑면의 넓이 a^2을 합하면 $S=a\sqrt{4b^2-a^2}+a^2$이다. 그리고 높이 $\overline{\mathrm{OH}}$는 h를 사용하면 $\sqrt{\frac{a^2}{4}+h^2}$ 이 되는데 △ODC의 넓이는 $\frac{1}{2}a\sqrt{\frac{a^2}{4}+h^2}$ 이며 $S=a\sqrt{a^2+4h^2}+a^2$ 으로도 나타낼 수 있다.

예제 다음 정사각뿔의 겉넓이를 구하시오.

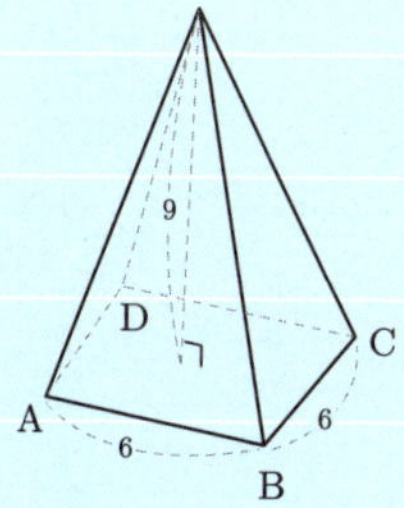

58 정사각뿔의 부피 공식

공식

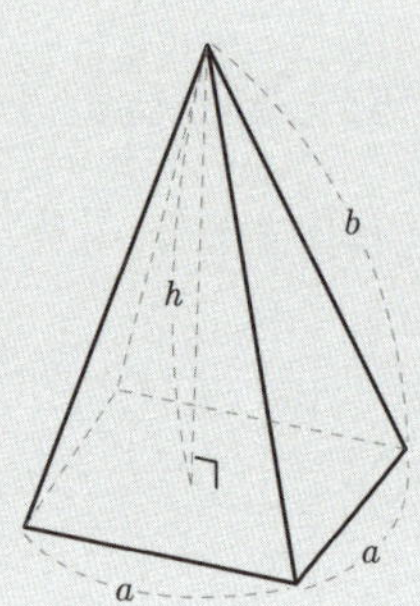

$$V=\frac{1}{3}a^2h=\frac{1}{3}a^2\sqrt{b^2-\frac{a^2}{2}}$$

정리

정사각뿔의 $h=\sqrt{b^2-\frac{a^2}{2}}$ 에 대해서는 공식 ⑤⑥에서 이미 설명했다.

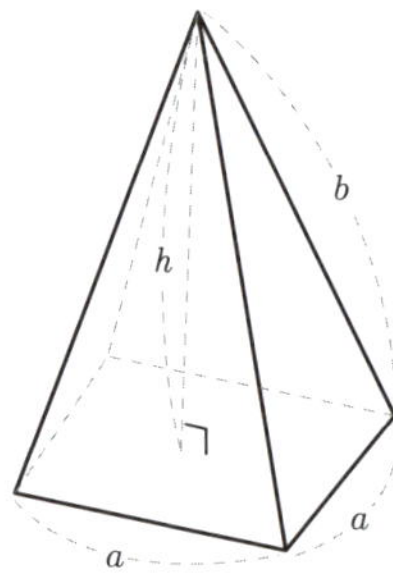

따라서 V는 $\frac{1}{3}Sh=\frac{1}{3}a^2\sqrt{b^2-\frac{a^2}{2}}$ 이다.

예제 다음 정사각뿔의 부피를 구하시오.

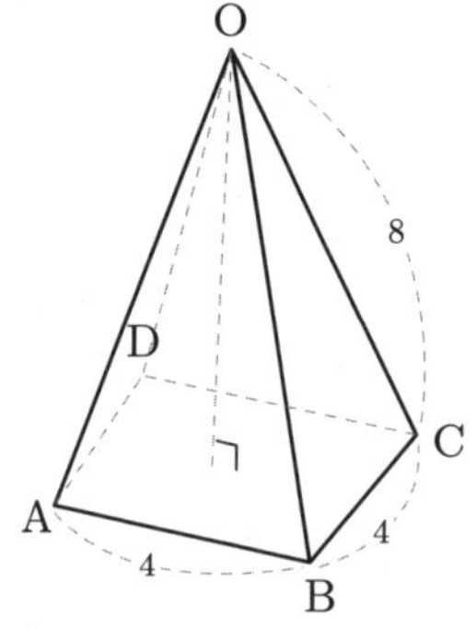

59 정사면체의 높이 공식

공식

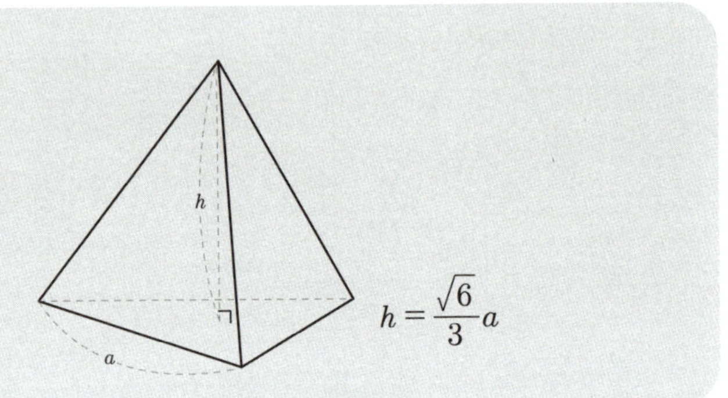

$$h = \frac{\sqrt{6}}{3}a$$

정리

정사면체의 높이도 피타고라스의 정리로 구한다. 다음 그림처럼 정사면체의 꼭짓점 O에서 내린 수선의 발을 H로 하고, 점 C와 연결한 직선을 $\overline{\mathrm{CH}}$로 하면 직각삼각형 OCH에 피타고라스의 정리를 이용할 수 있다.

$\overline{\mathrm{OC}}^2 = \overline{\mathrm{OH}}^2 + \overline{\mathrm{CH}}^2$는 $a^2 = h^2 + \left(\frac{\sqrt{3}}{3}a\right)^2$ 이다.

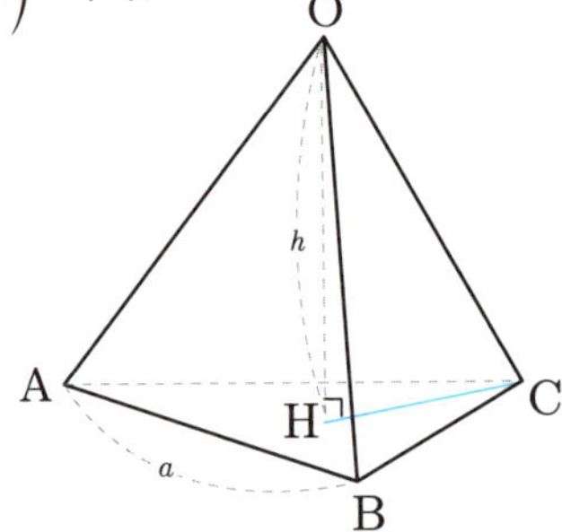

h를 a에 관한 식으로 정리하면 $h=\frac{\sqrt{6}}{3}a$이다.

예제 한 변의 길이가 2인 정사면체의 높이를 구하시오.

60 정사면체의 겉넓이 공식

공식

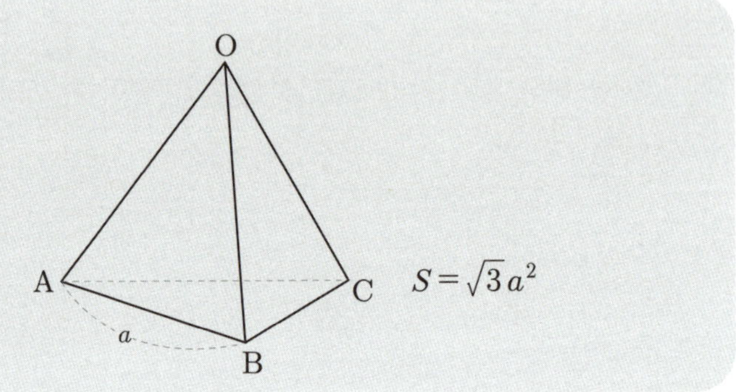

정리

정사면체의 겉넓이는 4개의 면이 모두 합동이므로 한 변이 a인 정삼각형 1개의 넓이를 4배하면 된다. 따라서 $S=\frac{\sqrt{3}}{4}a^2\times 4=\sqrt{3}\,a^2$

예제 한 변의 길이가 3인 정사면체의 겉넓이를 구하시오.

정사면체의 부피 공식

공식

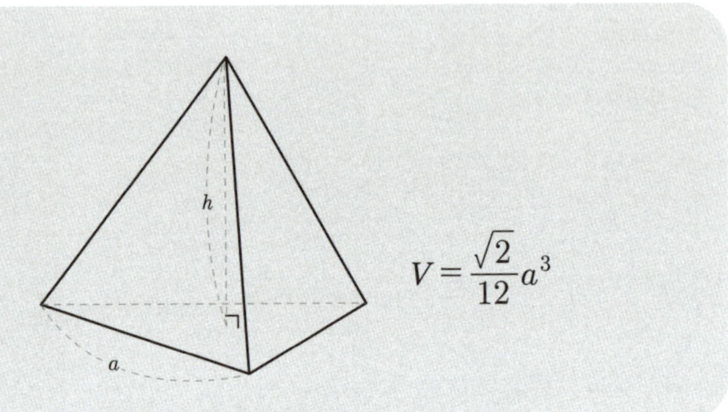

정리

정사면체의 부피는 $\frac{1}{3}\times$(밑면의 넓이)$\times$(높이)이다. 밑면의 넓이는 한 변의 길이가 a인 정삼각형의 넓이이므로 $\frac{\sqrt{3}}{4}a^2$ 이다.

따라서 부피 $V=\frac{1}{3}\times\frac{\sqrt{3}}{4}a^2\times\frac{\sqrt{6}}{3}a=\frac{\sqrt{2}}{12}a^3$ 이다.

예제 한 변의 길이가 12인 정사면체의 부피를 구하시오.

62 원뿔의 겉넓이 공식

공식

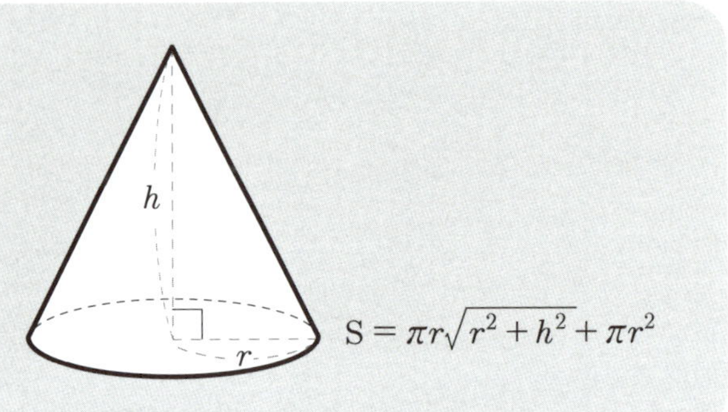

정리

원뿔의 겉넓이는 전개도로 나타내면 밑면 1개와 부채꼴 모양의 옆면 1개이다. 밑면의 넓이는 반지름의 길이 r이 주어지면 πr^2으로 쉽게 구할 수 있다. 부채꼴 모양의 옆면의 넓이는 중심각이 주어지지 않는 경우가 종종 있다.

먼저 반지름의 길이와 높이를 이용한 피타고라스의 정리로 모선의 길이를 구한다. 그리고 부채꼴의 넓이를 반지름의 길이와 호의 길이로 구하는 공식인 $\mathrm{S}=\frac{1}{2}rl$으로 옆면의 겉넓이를 구한다.

다음 그림처럼 원뿔의 전개도에서 옆면의 넓이를 S_1, 밑면의 넓이를 S_2로 하면 원뿔의 겉넓이 $S=S_1+S_2$이다.

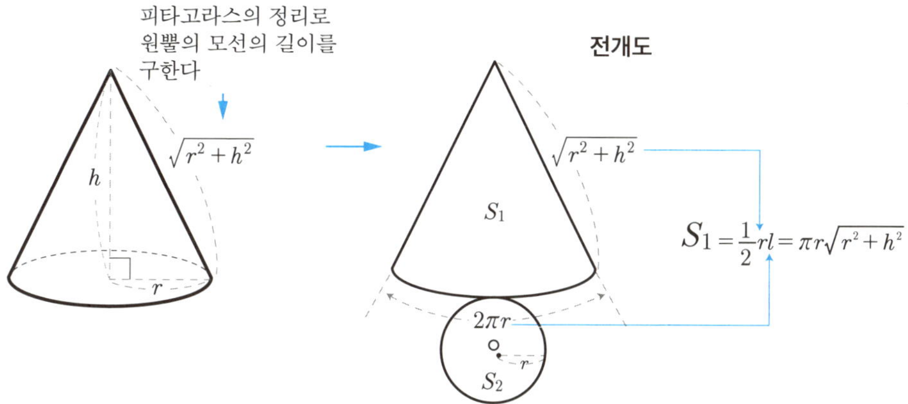

따라서 $S=S_1+S_2=\pi r\sqrt{r^2+h^2}+\pi r^2$

예제 반지름의 길이가 3이고 높이가 4인 원뿔의 겉넓이를 구하시오.

63 직육면체의 대각선 길이 공식

공식

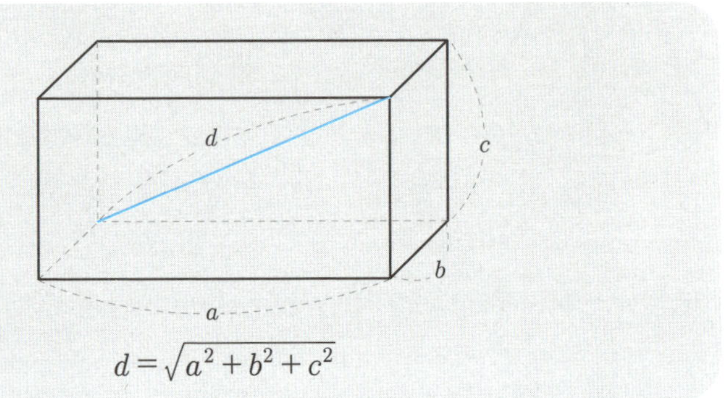

$$d = \sqrt{a^2 + b^2 + c^2}$$

정리

직육면체의 대각선의 길이 공식은 피타고라스의 정리를 이용하여 증명할 수 있다.

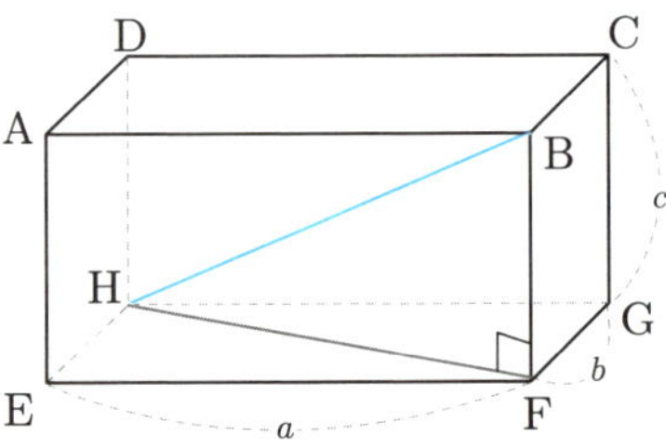

먼저 $\overline{HF}$는 피타고라스의 정리를 이용했을 때 $\sqrt{\overline{EF}^2 + \overline{HE}^2}$ 으로 $\sqrt{a^2 + b^2}$

이다. $\overline{\mathrm{HB}}$는 $\sqrt{\overline{\mathrm{HF}}^2+\overline{\mathrm{BF}}^2}$ 으로 $\sqrt{a^2+b^2+c^2}$ 이다. 즉 직육면체의 대각선의 길이 d는 $\sqrt{a^2+b^2+c^2}$ 이다.

예제 가로, 세로, 높이가 각각 2, 4, 8인 직육면체의 대각선의 길이를 구하시오.

64 헤론의 공식

공식

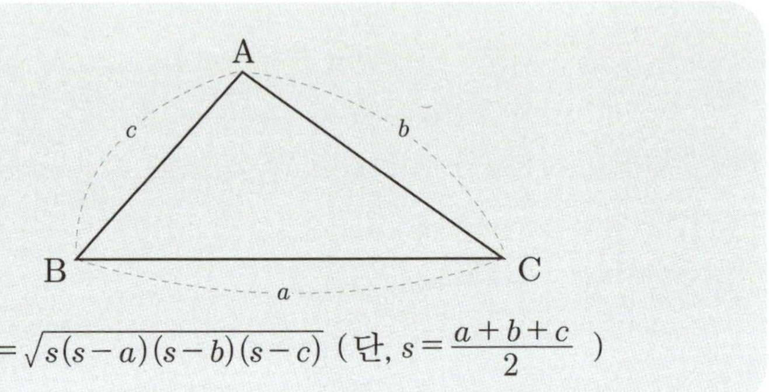

$$S=\sqrt{s(s-a)(s-b)(s-c)}\ \left(\text{단, } s=\frac{a+b+c}{2}\right)$$

정리

헤론의 공식은 삼각형의 세 변이 주어졌을 때 넓이를 구할 수 있는 유용한 공식이다. 여태까지 삼각형의 넓이를 구할 때 밑변의 길이와 높이가 주어지거나 삼각형의 두 변과 사잇각이 주어졌을 때 넓이를 구하는 공식을 소개했다. 이번에는 세 변의 길이로도 삼각형의 넓이를 구하는 공식을 소개한다.

제곱근을 계산할 줄 안다면 **헤론의 공식**으로 삼각형의 넓이를 계산할 수 있다. 세 변의 길이를 a, b, c로 하자. 그러면 세변의 길이를 더한 것에 2을 나눈 값을 s로 한다. $s=\frac{a+b+c}{2}$로 계산되며 $S=\sqrt{s(s-a)(s-b)(s-c)}$로 계산하면 된다.

예를 들어 세 변의 길이가 2, 3, 4인 삼각형의 넓이를 헤론의 공식을 이용해 풀어보자.

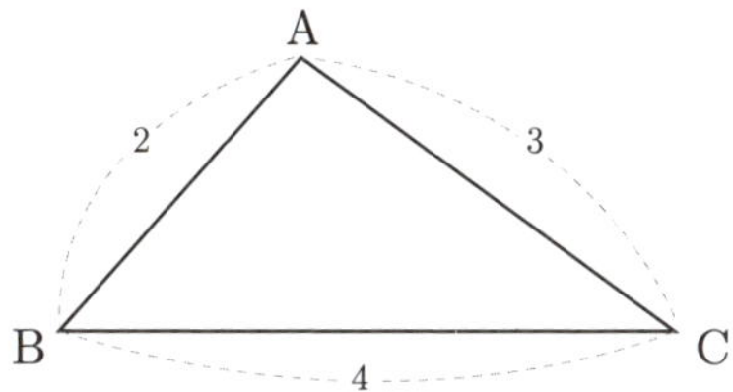

$s=\frac{2+3+4}{2}=\frac{9}{2}$ 이다. 그러면 $S=\sqrt{s(s-a)(s-b)(s-c)}$
$=\sqrt{\frac{9}{2}\times\left(\frac{9}{2}-2\right)\times\left(\frac{9}{2}-3\right)\times\left(\frac{9}{2}-4\right)}=\frac{3\sqrt{15}}{4}$ 이다.

예제 헤론의 공식을 이용하여 삼각형 ABC의 넓이를 구하시오.

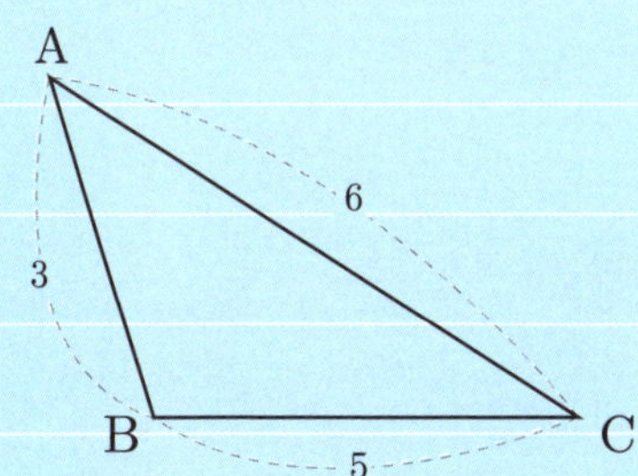

$$l = \frac{2\pi^2 B}{v} s o^2 v^2 = \frac{p o^2 v}{2B} = \frac{p o^2}{2pv}$$

$$l = l_1 + l_2 +$$

r

l

$$V_e = \sqrt{\frac{2GM}{R}}$$

C

r

$$k = \sqrt{l/m}$$

$$\frac{dN}{dt} = -\lambda N$$

$$mg'_\theta = mg - m\omega^2 R \cos^2\theta$$

$$B = [Z m_p + (A - Z) m$$

$$V = l \times w \times h$$

y

x

$$\frac{1}{F} = \frac{1}{f_1} + \frac{1}{f_2}$$

$$\frac{1}{\lambda} = RZ^2 \left[\frac{1}{n^2} - \frac{1}{m^2}\right]$$

$$f(x) = \frac{a}{x}$$

U

−A 0

$$E_p = \frac{1}{4\pi\epsilon_0} \frac{qx}{(a^2 + x^2)^{3/2}}$$

K

−A 0

$$V = \pi r^2 \times h$$

$$N = N_0 / 2^n$$

$$B = \frac{\mu_0 i}{4\pi d}(\cos\theta_1$$

L

N A N A

$$\lambda/2$$

$$p_1 = p_0 \sin$$

$$p_2 = p_0 \sin$$

아는 만큼 즐기는

고등 선행

65 세 수의 합의 곱셈 공식

공식

$$(a+b+c)^2=a^2+b^2+c^2+2ab+2bc+2ca$$

정리

증명하기 위해 $a+b$를 A, c를 B로 치환하자. 그러면 $(A+B)^2$이 된다.

$(A+B)^2=A^2+2AB+B^2$

다시 A 대신 $a+b$, B 대신 c를 대입하면

$=(a+b)^2+2(a+b)c+c^2$

$=a^2+2ab+b^2+2ac+2bc+c^2$

$=a^2+b^2+c^2+2ab+2bc+2ca$

예제 $(a+2b+3c)^2$을 곱셈공식을 이용하여 전개하시오.

66-1 세제곱 곱셈공식

공식

(1) $(a+b)(a^2-ab+b^2)=a^3+b^3$

(2) $(a-b)(a^2+ab+b^2)=a^3-b^3$

정리

(1)의 세제곱 곱셈공식에 대한 증명방법은 다음과 같다.

$(a+b)(a^2-ab+b^2)$

$a+b$를 A로 치환하면

$=A(a^2-ab+b^2)$

전개하면

$=Aa^2-Aab+Ab^2$

다시 A에 $(a+b)$를 대입하여 전개하면

$=a^3+a^2b-a^2b-ab^2+ab^2+b^3$

$=a^3+b^3$

(2)의 세제곱 곱셈공식도 (1)과 마찬가지의 방법으로 증명하면 $(a-b)(a^2+ab+b^2)=a^3-b^3$이 된다. 여기서 기억할 것은 $(a+b)(a^2-ab+b^2)=a^3+b^3$과 $(a-b)(a^2+ab+b^2)=a^3-b^3$으로 부호 규칙이 있다는 것이다.

예제 세제곱 곱셈공식을 이용하여 $(2x+1)(4x^2-2x+1)$을 전개하시오.

66-2 세제곱 곱셈공식

공식

(3) $(a+b)^3=a^3+3a^2b+3ab^2+b^3$

(4) $(a-b)^3=a^3-3a^2b+3ab^2-b^3$

정리

(3)의 증명과정은 다음과 같다.

$(a+b)^3$

$=(a+b)^2(a+b)$

$(a+b)^2$을 A로 치환하면

$=A(a+b)$

$=Aa+Ab$

다시 A에 $(a+b)^2$을 대입하여 전개하면

$=(a+b)^2a+(a+b)^2b$

$=a^3+2a^2b+ab^2+a^2b+2ab^2+b^3$

$=a^3+3a^2b+3ab^2+b^3$

(4)의 증명과정도 (3)의 증명과정과 방법이 같다.

(4)에서 $(a-b)^3=a^3-3a^2b+3ab^2-b^3$으로 부호에 주의한다.

예제 세제곱 곱셈공식을 이용하여 $(3x-4)^3$을 전개하시오.

67 네제곱 공식

공식

$$(a+b)^4=a^4+4a^3b+6a^2b^2+4ab^3+b^4$$

정리

네제곱 공식을 증명하기 위해서는 $(a+b)^4$을 $\{(a+b)^2\}^2$임을 알고 중괄호 안을 전개한 후 치환한다.

$(a+b)^4=(a^2+2ab+b^2)^2$

a^2+2ab를 A, b^2을 B로 놓으면

$=(A+B)^2$

$=A^2+2AB+B^2$

다시 A에 a^2+2ab를, B에 b^2을 대입하여 전개하면

$=\{(a^2+2ab)\}^2+2(a^2+2ab)b^2+(b^2)^2$

$=a^4+4a^3b+4a^2b^2+2a^2b^2+4ab^3+b^4$

$$=a^4+4a^3b+6a^2b^2+4ab^3+b^4$$

예제 $(-3x+2)^4$을 네제곱 공식을 이용하여 전개하시오.

68-1 세제곱식 인수분해 공식

공식

(1) $a^3 \pm b^3 = (a \pm b)(a^2 \mp ab + b^2)$

(2) $a^3 \pm 3a^2b + 3ab^2 \pm b^3 = (a \pm b)^3$

정리

세제곱식의 인수분해 공식은 세제곱 공식을 거꾸로 한 것이다. **(1)**에 대한 증명은 다음과 같다.

$a^3 + b^3 = (a+b)^3 - 3ab(a+b)$

$= (a+b)\{(a+b)^2 - 3ab\}$

$= (a+b)(a^2 - ab + b^2)$

$a^3 - b^3 = (a-b)^3 + 3ab(a-b)$

$= (a-b)\{(a-b)^2 + 3ab\}$

$= (a-b)(a^2 + ab + b^2)$

(2)는 $a^3 \pm 3a^2b + 3ab^2 \pm b^3 = (a \pm b)^3$으로 인수분해하는 것을 나타낸다. 이 공식은 기억하는 것이 좋다. 세제곱식 인수분해의 가장 기본이기 때문이다.

예제 $a^3 + 6a^2b + 12ab^2 + 8b^3$을 인수분해 하시오.

68-2 인수분해 공식

공식

(1) $(a+b+c)(ab+bc+ca)-abc=(a+b)(b+c)(c+a)$

(2) $a^3+b^3+c^3-3abc=(a+b+c)(a^2+b^2+c^2-ab-bc-ca)$

정리

(1)의 증명과정은 다음과 같다.

$(a+b+c)(ab+bc+ca)-abc$

$=a^2b+abc+a^2c+ab^2+b^2c+abc+abc+bc^2+ac^2-abc$

a에 관한 식으로 내림차순하면

$=(b+c)a^2+(b+c)^2a+bc(b+c)$

$(b+c)$를 공통항으로 묶으면

$=(b+c)\{a^2+(b+c)a+bc\}$

중괄호 안을 인수분해하여 정리하면

$=(a+b)(b+c)(c+a)$

(2)의 증명과정은 다음과 같다.

$a^3+b^3+c^3-3abc=(a+b)^3-3ab(a+b)+c^3-3abc$

$=(a+b)^3+c^3-3ab(a+b+c)$

$a^3+b^3=(a+b)(a^2-ab+b^2)$을 적용하면

$=(a+b+c)\{(a+b)^2-(a+b)c+c^2\}-3ab(a+b+c)$

$=(a+b+c)(a^2+b^2+c^2+2ab-ca-bc-3ab)$

$=(a+b+c)(a^2+b^2+c^2-ab-bc-ca)$

69 두 점 사이의 거리 공식

공식

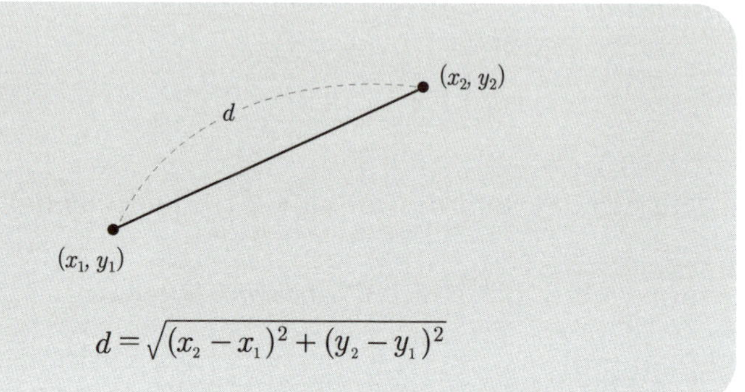

$$d=\sqrt{(x_2-x_1)^2+(y_2-y_1)^2}$$

정리

두 점의 거리와 두 좌표를 피타고라스의 정리를 이용하여 나타낸다.

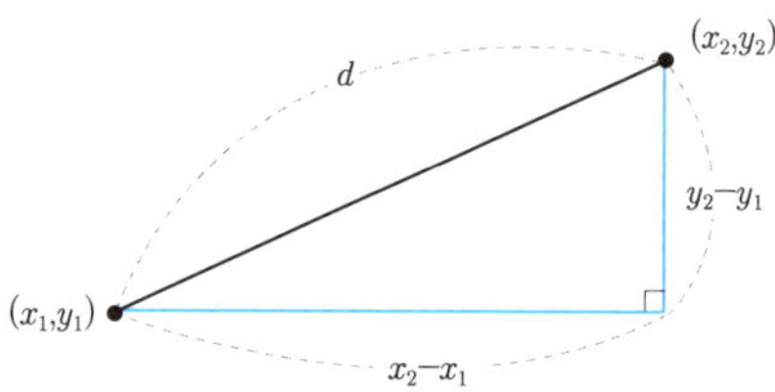

$$d^2=(x_2-x_1)^2+(y_2-y_1)^2$$

양 변에 제곱근을 씌우면

$$d=\sqrt{(x_2-x_1)^2+(y_2-y_1)^2}$$

예제 두 점 $(2, 3)$과 $(4, 7)$의 사이의 거리를 구하시오.

70 내분점 공식

공식

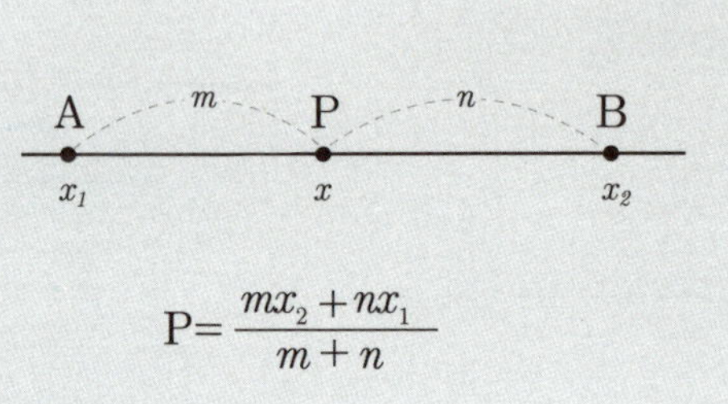

$$P=\frac{mx_2+nx_1}{m+n}$$

정리

내분점 공식의 증명과정은 비례식을 이용한다.

$\overline{AP}:\overline{PB}=m:n$

$x-x_1:x_2-x=m:n$

내항은 내항끼리 외항은 외항끼리 곱하면

$m(x_2-x)=n(x-x_1)$

양 변을 전개하면

$mx_2-mx=nx-nx_1$

x에 관한 식은 우변으로, x_1과 x_2에 관한 식은

좌변으로 이항한 후 양 변을 서로 바꾸면

$$(m+n)x = mx_2 + nx_1$$

x에 관하여 정리하면

$$x = \frac{mx_2 + nx_1}{m+n}$$

예를 들어 수직선 위에 두 점 A(−3)과 B(3)을 2 : 1로 내분하는 점 P의 좌표를 구하는 문제가 있다고 하자.

x_1은 −3, x_2는 3이고 m과 n은 각각 2와 1이다. $x = \frac{mx_2 + nx_1}{m+n}$에 대입하면 $x = \frac{2\times3+1\times(-3)}{2+1} = 1$이므로 P(1)이 두 점 A(−3), B(3)을 2 : 1로 내분하는 점이다.

예제 수직선 위의 두 점 A (−4)와 B(6)을 3:2로 내분하는 점 P의 좌표를 구하시오.

71 외분점 공식

공식

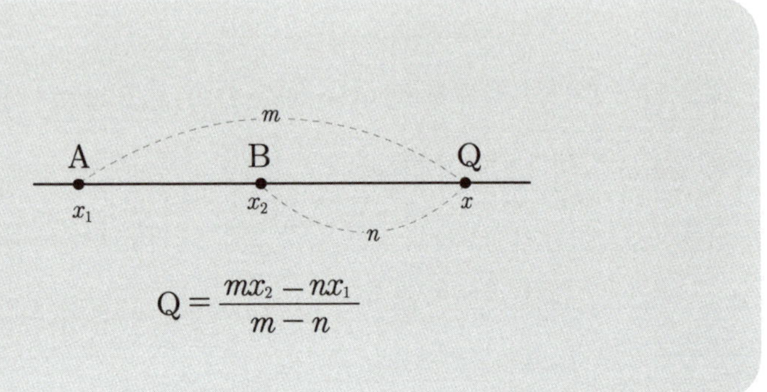

정리

외분점 공식의 증명과정도 내분점과 마찬가지로 비례식을 이용한다.

$\overline{\mathrm{AQ}}:\overline{\mathrm{BQ}}=m:n$

$x-x_1:x-x_2=m:n$

내항끼리 외항끼리 곱하면

$m(x-x_2)=n(x-x_1)$

양 변을 전개하면

$mx-mx_2=nx-nx_1$

x에 관한 식은 좌변으로 x_1과 x_2에 관한 식은 우변으로 이항하면

$(m-n)x=mx_2-nx_1$

x에 관하여 정리하면

$$x=\frac{mx_2-nx_1}{m-n}$$

예를 들어 수직선 위에 두 점 A(1)과 B(5)를 3 : 2로 외분하는 점 Q의 좌표를 구하는 문제가 있다고 하자. x_1은 1, x_2는 5이고 m과 n은 각각 3과 2이다. $x=\frac{mx_2-nx_1}{m-n}$에 대입하면 $x=\frac{3\times5-2\times1}{3-2}=13$이므로 Q(13)이 두 점 A(1), B(5)를 3 : 2로 외분하는 점이다.

예제 수직선 위의 A(−3)과 B(7)을 7 : 5로 외분하는 점 Q의 좌표를 구하시오.

무게 중심 공식

공식

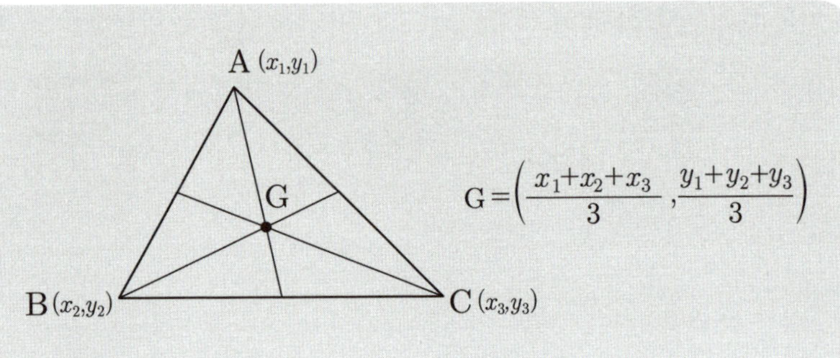

정리

삼각형 ABC에서 점 M은 점 B와 점 C의 중점이므로 $M\left(\frac{x_2+x_3}{2}, \frac{y_2+y_3}{2}\right)$이다.

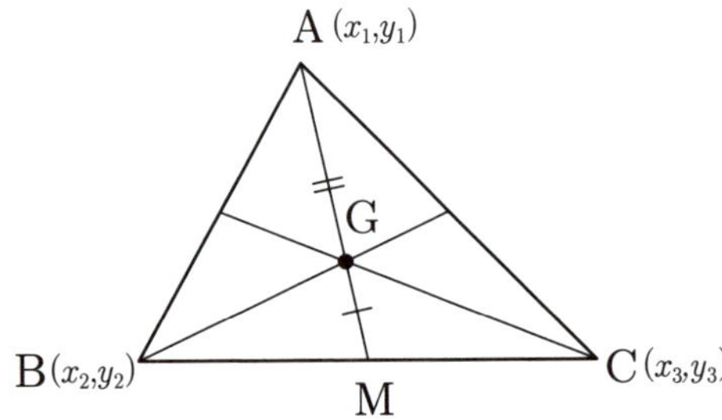

무게중심 G는 2 : 1로 내분하는 점이므로 $\overline{AG} : \overline{GM} = 2 : 1$이므로

내분점의 공식으로 풀면 $\mathrm{G}=\left(\frac{2\times\frac{x_2+x_3}{2}+x_1}{2+1}, \frac{2\times\frac{y_2+y_3}{2}+y_1}{2+1}\right)=$

$\left(\frac{x_1+x_2+x_3}{3}, \frac{y_1+y_2+y_3}{3}\right)$이다.

예제 좌표평면 위의 세 점 A(2, 1), B(5, 7), C(8, 10)을 꼭짓점으로 하는 삼각형 ABC의 무게중심 G의 좌표를 구하시오.

73 점과 직선 사이의 거리 공식

공식

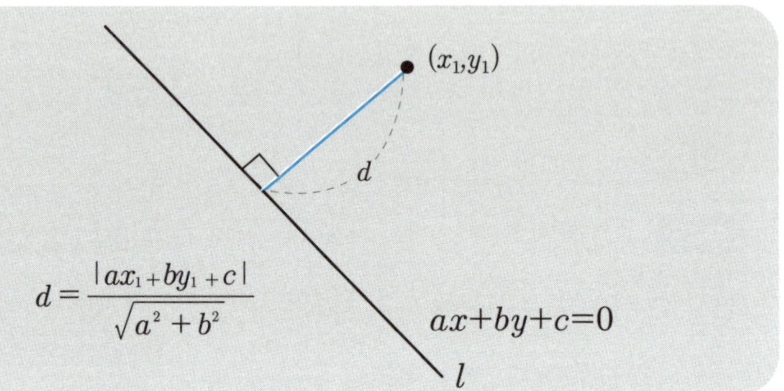

정리

한 점과 직선 사이의 거리는 수직을 이룰 때 가장 가깝다. 그래서 점과 직선 사이의 거리를 구하는 공식은 점과 직선이 수직을 이룰 때 가장 가깝다는 것을 알고 식을 세운다. 증명과정은 다음과 같다.

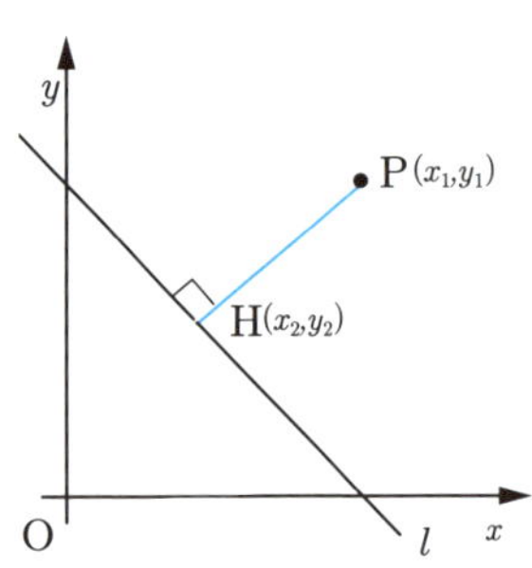

한 점 $P(x_1, y_1)$에서 수선의 발을 내린 점을 $H(x_2, y_2)$로 하자.

직선 l의 $ax+by+c=0$에서 기울기는 $-\frac{a}{b}$ ……①

점 P와 점 H의 두 점을 지나는 직선의 기울기는

$\frac{y_2 - y_1}{x_2 - x_1}$ ……②

①과 ②는 서로 수직이므로 기울기의 곱은 -1이어야 한다.

$\frac{b}{a}=\frac{y_2-y_1}{x_2-x_1}$을 $\frac{x_2-x_1}{a}=\frac{y_2-y_1}{b}=k$ 로놓으면

$x_2-x_1=ak, y_2-y_1=bk$ ……③

점 H의 좌표는 직선 l위의 점이므로 두 점 사이의 거리를 구하면

$d=\sqrt{(x_2-x_1)^2+(y_2-y_1)^2}$ ……④

④에 ③을 대입하면 $d=\sqrt{a^2k^2+b^2k^2}=|k|\sqrt{a^2+b^2}$ ……⑤

점 H는 직선 l에 속하므로 $ax_2+by_2+c=0$이고 ③의 식을 $x_2=x_1+ak$, $y_2=y_1+bk$로 바꾸어 대입하면 $a(x_1+ak)+b(y_1+bk)+c=0$……⑥

⑥의 식을 k에 대해 정리하면 $k=-\frac{ax_1+by_1+c}{a^2+b^2}$ 이므로 $|k|=\frac{|ax_1+by_1+c|}{a^2+b^2}$ ……⑦

∴ ⑦의 식을 ⑤에 대입하면 $d=\frac{|ax_1+by_1+c|}{\sqrt{a^2+b^2}}$

점 $(1, -1)$과 직선 $5x-12y+9=0$ 사이의 거리를 구하면

$d=\frac{|5\times 1+(-12)\times(-1)+9|}{\sqrt{5^2+(-12)^2}}=2$ 이다.

예제 점 $(-2, 2)$와 직선 $6x-8y+18=0$ 사이의 거리를 구하시오.

74 중선 정리

공식

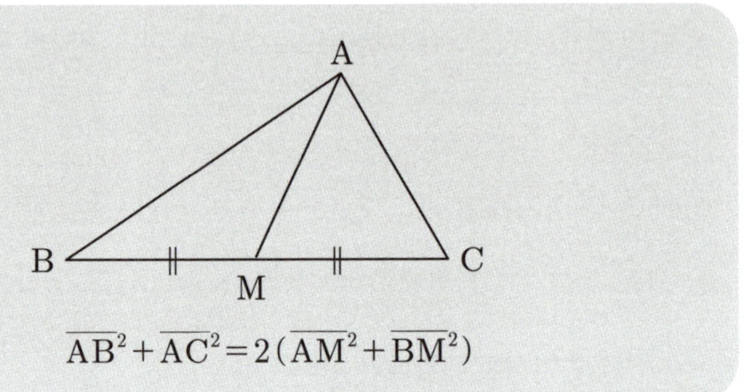

$$\overline{AB}^2+\overline{AC}^2=2(\overline{AM}^2+\overline{BM}^2)$$

정리

중선 정리는 **'파푸스의 정리'**라고도 하며 삼각형의 변의 관계를 나타낸 식이다. 삼각형에서 중선은 $\overline{AM}$을 가리키며 중선을 중심으로 변과의 관계를 식으로 나타낸 것이다. 증명을 위해서 $\overline{AB}$의 길이를 a, $\overline{AC}$를 b, $\overline{BM}$과 $\overline{CM}$을 c, 점 A의 수선의 발 H까지의 거리 $\overline{AH}$를 d, $\overline{AM}$을 e, $\overline{MH}$를 f로 정한다.

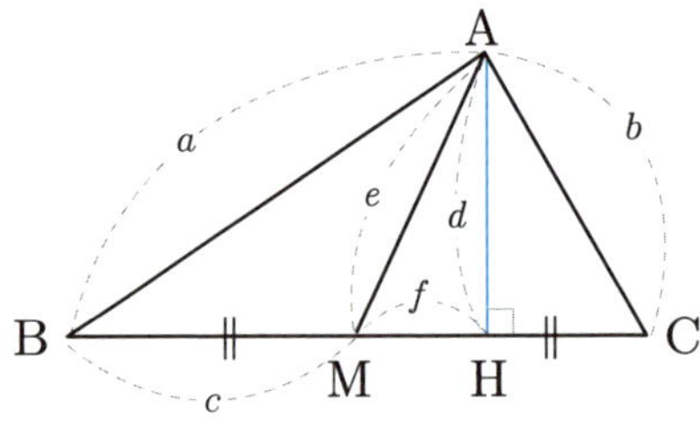

$\overline{AB}^2+\overline{AC}^2=2(\overline{AM}^2+\overline{BM}^2)$이 파푸스의 정리인데 $a^2+b^2=2(e^2+c^2)$이 성립함을 증명하면 된다.

피타고라스의 정리를 이용하여 좌변의 a^2+b^2을 다른 식으로 바꾼다.

$\triangle$ABH에서 $a^2=(c+f)^2+d^2 \cdots\cdots$ ①

$\triangle$ACH에서 $b^2=(c-f)^2+d^2 \cdots\cdots$ ②

①+②를 하면 $a^2+b^2=2(c^2+f^2+d^2) \cdots\cdots$ ③

③의 우변에서 $2(f^2+d^2+c^2)=2(e^2+c^2) \cdots\cdots$ ④

$\therefore$ ③과 ④의 식은 서로 같으므로 $\overline{AB}^2+\overline{AC}^2=2(\overline{AM}^2+\overline{BM}^2)$

예제 다음 그림에서 $\overline{AB}=5$, $\overline{AC}=3$, $\overline{BC}=2\sqrt{7}$ 일 때 $\overline{AM}$의 길이를 구하시오.

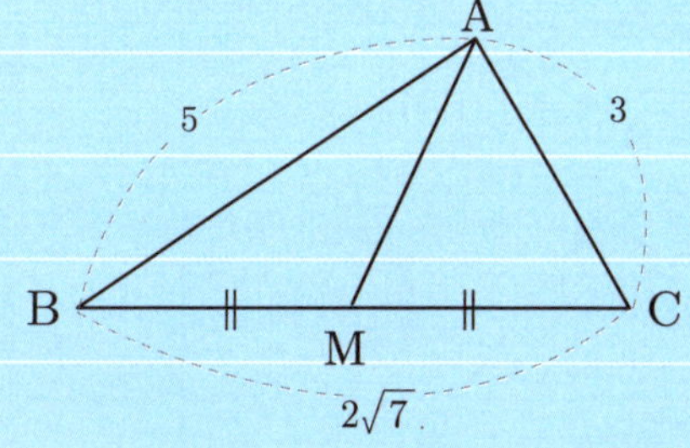

스튜어트 정리

공식

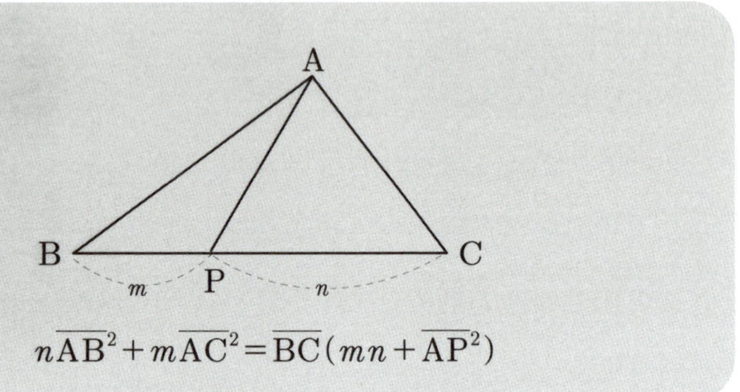

$$n\overline{\mathrm{AB}}^2+m\overline{\mathrm{AC}}^2=\overline{\mathrm{BC}}(mn+\overline{\mathrm{AP}}^2)$$

정리

스튜어트의 정리는 삼각형 ABC의 밑변 $\overline{\mathrm{BC}}$를 $m:n$으로 나눌 때 성립하는 관계이다. 공식의 증명과정은 다음과 같다.

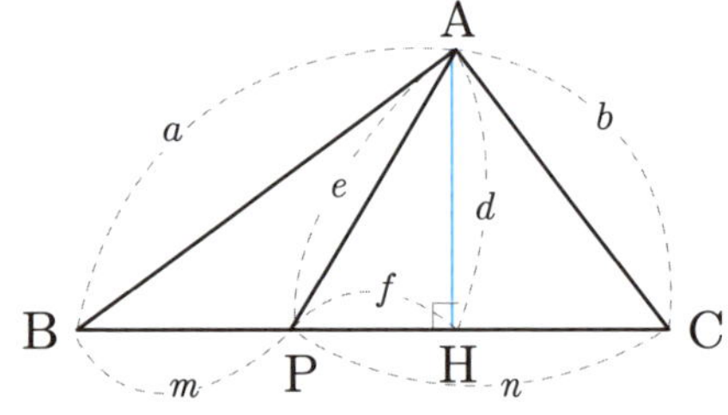

$\triangle$ABH에서 $a^2=(m+f)^2+d^2$……①

$\triangle$ACH에서 $b^2=(n-f)^2+d^2$……②

①×n+②×m을 하면 $na^2+mb^2=(m+n)(mn+d^2+f^2)$ ······③

$\triangle$APH에서 $e^2=d^2+f^2$이므로 ③식에 대입하여 정리하면

$na^2+mb^2=(m+n)(mn+e^2)$

$\therefore n\overline{\mathrm{AB}}^2+m\overline{\mathrm{AC}}^2=\overline{\mathrm{BC}}(mn+\overline{\mathrm{AP}}^2)$

스튜어트의 정리에서 m과 n이 같으면 중선의 정리가 된다.

예제 삼각형 ABC에서 $\overline{\mathrm{AB}}$의 길이를 구하시오.

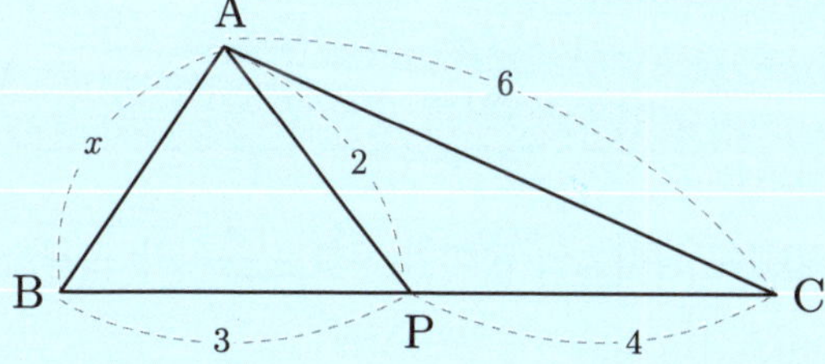

76 사선 공식

공식

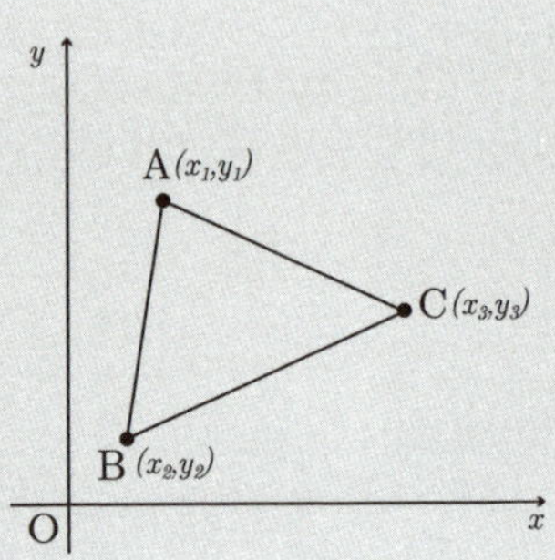

$$S=\frac{1}{2}\left|\begin{matrix} x_1 & x_2 & x_3 & x_1 \\ y_1 & y_2 & y_3 & y_1 \end{matrix}\right|=\frac{1}{2}\left|(x_1y_2+x_2y_3+x_3y_1)-(x_2y_1+x_3y_2+x_1y_3)\right|$$

정리

사선 공식은 세 개의 점의 좌표로 삼각형의 넓이를 구하는 공식이다. 구하는 공식 순서는 다음과 같아서 **신발끈 공식**이라고도 한다.

$$S=\frac{1}{2}\left|\begin{matrix} x_1 & x_2 & x_3 & x_1 \\ y_1 & y_2 & y_3 & y_1 \end{matrix}\right|=\frac{1}{2}\left|(x_1y_2+x_2y_3+x_3y_1)-(x_2y_1+x_3y_2+x_1y_3)\right|$$

우선 $\frac{1}{2}$에 절댓값 기호를 곱한다. 절댓값 기호 안에는 A, B, C 좌표를 세로로 한 번씩 쓰고, A좌표만 한 번 더 쓴 다음, 파란색 사선의 곱을 모두 더하고,회색 사선의 곱을 모두 더한 뒤 빼면 된다.

예를 들어 삼각형 ABC의 좌표는 A(−1, 5), B(2, 2), C(5, 3)이 있다. 그림으로 나타내면 다음과 같다.

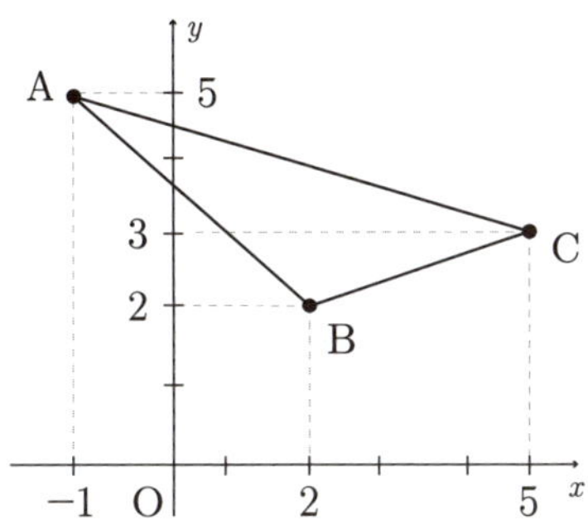

$$=\frac{1}{2}\left|\begin{matrix} -1 & 2 & 5 & -1 \\ 5 & 2 & 3 & 5 \end{matrix}\right|$$

$$=\frac{1}{2}\left|(-1)\times 2+2\times 3+5\times 5-\{2\times 5+5\times 2+(-1)\times 3\}\right|=\frac{1}{2}\times 12=6$$

예제 세 점의 좌표가 A(−1, −1), B(3, 6), C(5, 8)일 때 삼각형 ABC의 넓이를 구하시오.

77 원의 방정식 공식

공식

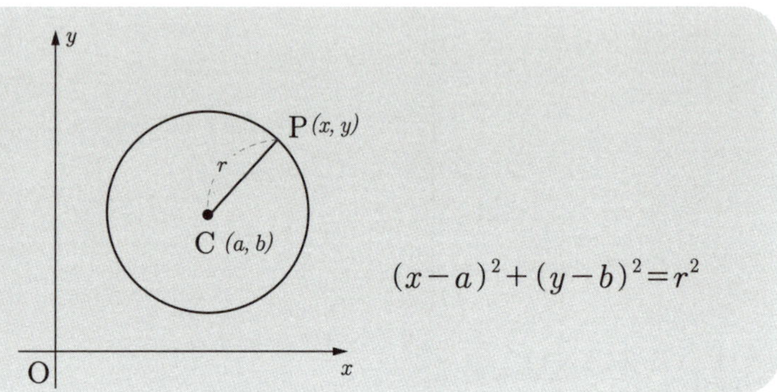

$$(x-a)^2+(y-b)^2=r^2$$

정리

원은 한 점에서 같은 거리에 있는 점들의 집합이다. 원의 방정식을 나타내기 위해서는 $\overline{CP}$의 길이를 구하면 된다. $\overline{CP}=\sqrt{(x-a)^2+(y-b)^2}=r$이며 양 변을 제곱하면 $(x-a)^2+(y-b)^2=r^2$이다.

즉 원의 중심이 $C(a, b)$이고 반지름이 r인 원의 방정식은 $(x-a)^2+(y-b)^2=r^2$이다. 그리고 원의 중심이 원점이면 원의 방정식은 $x^2+y^2=r^2$이다.

예제 원의 중심이 C(6, 4)이고 반지름이 2인 원의 방정식을 구하시오.

78 합집합의 원소의 개수

공식

$$n(A \cup B) = n(A) + n(B) - n(A \cap B)$$

정리

집합 A와 B가 있을 때 합집합의 원소의 개수는 $n(A \cup B) = n(A) + n(B) - n(A \cap B)$로써 두 개의 집합의 원소의 개수를 더한 후 교집합의 개수를 빼면 계산이 된다. $A = \{a, b, c\}$, $B = \{b, c, d, e\}$일 때 $A \cap B = \{b, c\}$이다. $n(A)$가 3, $n(B)$가 4, $n(A \cap B) = 2$이므로 $n(A \cup B) = 3 + 4 - 2 = 5$이다.

예제 $A=\{1,\ 2,\ 5,\ 8,\ 10\}$, $B=\{2,\ 5,\ 8,\ 12\}$일 때 $n(A\cup B)$를 구하시오.

79 드모르간의 법칙

공식

$$(A\cap B)^c = A^c \cup B^c$$

$$(A\cup B)^c = A^c \cap B^c$$

정리

드모르간 법칙의 첫 번째 공식 $(\mathrm{A}\cap\mathrm{B})^c=\mathrm{A}^c\cup\mathrm{B}^c$은 벤다이어그램을 색칠하여 증명한다. 좌변의 $(\mathrm{A}\cap\mathrm{B})^c$은 $\mathrm{A}\cap\mathrm{B}$의 여집합이므로 교집합의 바깥부분을 색칠하면 된다. 색칠한 부분을 나타낸 것이 아래 그림이다.

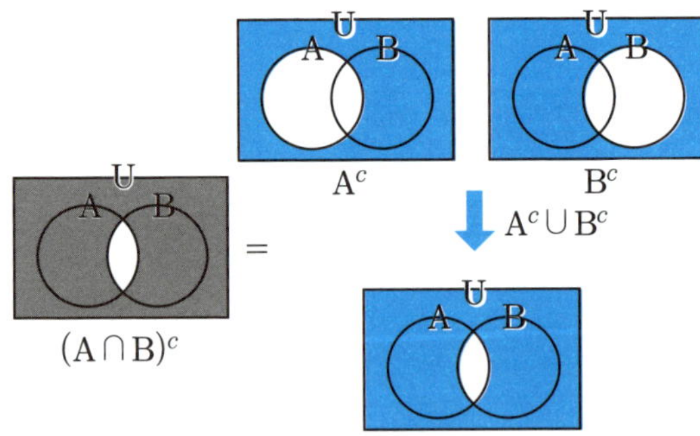

오른쪽 그림은 우변의 $A^c \cup B^c$이다. 2개의 벤다이어그램을 비교하면 성립한다는 것을 알 수 있다.

두 번째 공식도 벤다이어그램으로 색칠하여 다음처럼 증명된다.

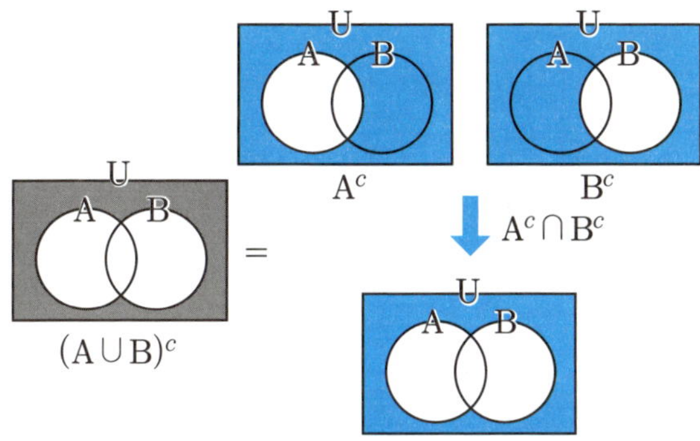

80 집합의 분배 법칙

공식

$$A\cap(B\cup C)=(A\cap B)\cup(A\cap C)$$

$$A\cup(B\cap C)=(A\cup B)\cap(A\cup C)$$

정리

집합도 분배법칙이 성립한다. $3\times(4+5)$는 $3\times4+3\times5$로 분배법칙이 성립함을 이미 알고 있다.

집합도 $A\cap(B\cup C)=(A\cap B)\cup(A\cap C)$로 나타낼 수 있다. 마찬가지로 $A\cup(B\cap C)=(A\cup B)\cap(A\cup C)$으로 나타낼 수 있다.

예제 세 집합 $A=\{a, b\}$, $B=\{b, c, e\}$, $C=\{a, c\}$일 때

$(C\cap A)\cup(C\cap B)$를 구하시오.

81 산술-기하 평균 부등식

공식

$$\overset{\text{산술평균}}{\frac{a_1+a_2+\cdots+a_n}{n}} \geq \overset{\text{기하평균}}{\sqrt[n]{a_1 a_2 \cdots a_n}}$$

정리

산술평균은 모든 변량의 합을 변량의 개수로 나눈 값이다. 시험성적의 평균을 단순히 계산할 때 용이한 평균법이다. 따라서 변량을 a_1부터 a_n으로 나열한 것을 모두 더한 후 변량의 개수인 n으로 나눈다.

그래서 $\frac{a_1+a_2+\cdots+a_n}{n}$으로 구한다.

기하평균은 모든 변량을 곱한 값에 제곱근을 씌워서 구하는 평균법이다. 따라서 $\sqrt[n]{a_1 a_2 \cdots a_n}$ 로 구한다.

산술평균이 기하평균보다 크거나 같다는 것을 증명하는 방법은 여러 가지가 있다. 그중 한 가지 방법은 **탈레스의 정리** 중 하나인 '원의 지름에 대한 원주각은 직각이다'를 이용하여 직각삼각형의 성질로 증명하는 방법이다.

직각삼각형 ABC에서 점 C에서 수직으로 내린 수선의 발을 H로 하고, 높이를 h로 하자. 그리고 지름 r은 $a+b$로 나타낸다.

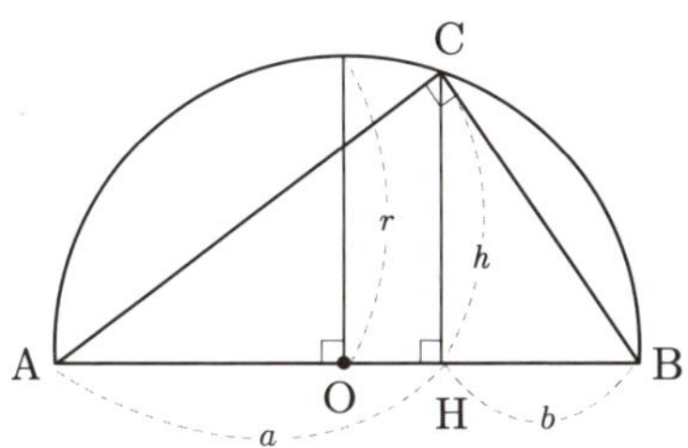

$\triangle$ABC에서 지름 $2r=a+b$이므로 $r=\dfrac{a+b}{2}$ ……①

$\triangle$AHC$\backsim\triangle$CBH을 이용하여 비례식을 세워서 $a:h=h:b$를 풀면

$h=\sqrt{ab}$ ……②

반원 안의 반지름 r은 직각삼각형 ABC의 h보다 크거나 같기 때문에 ①과 ②의 식을 이용해 나타낼 수 있다.

$$\therefore \frac{a+b}{2}\geq\sqrt{ab}$$

증명이 끝나면 일반화된 부등식인 $\dfrac{a_1+a_2+\cdots+a_n}{n}\geq\sqrt[n]{a_1a_2\cdots a_n}$ 으로 나타낼 수 있다.

예제 산술-기하 평균 부등식을 이용하여 $x+\dfrac{1}{x}$ 의 최솟값을 구하시오. (단 $x>0$)

82 부분분수 공식

공식

$$\frac{1}{AB}=\frac{1}{B-A}\left(\frac{1}{A}-\frac{1}{B}\right)$$

(단, $A \neq B, A \neq 0, B \neq 0$)

정리

부분분수 공식은 곱의 형태의 분수를 차의 형태로 나타낸 것이다. $\frac{1}{12}$ 은 $\frac{1}{3\times4}$로 나타낼 수 있다. 분모는 1씩 차이가 나는 3과 4의 곱으로 되어 있다. 그러면 3을 A, 4를 B로 가정해 보자. 분수 $\frac{1}{AB}$ 로 나타낼 수 있다.

부분분수 공식인 $\frac{1}{AB}=\frac{1}{B-A}\left(\frac{1}{A}-\frac{1}{B}\right)$에 숫자를 대입하면 $\frac{1}{3\times4}=\frac{1}{4-3}\times\left(\frac{1}{3}-\frac{1}{4}\right)=\frac{1}{12}$이다. 즉 공식은 성립한다. 부분분수 공식을 예를 들어 적용해 보자.

$\frac{1}{3\times4}+\frac{1}{4\times5}+\frac{1}{5\times6}+\cdots\cdots\frac{1}{10\times11}$이 있다. 여기서 $\frac{1}{3\times4}=\frac{1}{3}-\frac{1}{4}$로 공식을 적용하여 차례대로 나열하면 $\frac{1}{3}-\frac{1}{4}+\frac{1}{4}-\frac{1}{5}+\frac{1}{5}+\cdots-\frac{1}{10}+\frac{1}{10}-\frac{1}{11}$ 으로 맨 앞의 $\frac{1}{3}$ 과 맨 마지막의 $-\frac{1}{11}$ 을 더하여 계산하면 $\frac{8}{33}$이다. 부분분수의 형태

에 따른다면 규칙을 알기 때문에 쉽게 계산 할 수 있다.

예제 $\frac{1}{x(x+1)}+\frac{1}{(x+1)(x+2)}+\cdots+\frac{1}{(x+10)(x+11)}$을 부분분수 공식으로 푸시오.

83 분모의 유리화 공식

공식

$$\frac{1}{\sqrt{a}+\sqrt{b}}=\frac{\sqrt{a}-\sqrt{b}}{a-b}$$

$$\frac{1}{\sqrt{a}-\sqrt{b}}=\frac{\sqrt{a}+\sqrt{b}}{a-b}$$

정리

분모의 유리화는 분모가 무리수의 합 또는 차로 되어 있을 때 분모를 유리수로 바꾸는 것이다. 분모가 유리수이면 유리화는 완성된 것이다. 분모가 $\sqrt{a}+\sqrt{b}$로 되어 있으면 $\sqrt{a}-\sqrt{b}$를 곱하여 $a-b$로 바꾸면 된다. 그리고 분자에도 $\sqrt{a}-\sqrt{b}$를 곱해야 한다.

$$\frac{1}{\sqrt{a}+\sqrt{b}}=\frac{\sqrt{a}-\sqrt{b}}{(\sqrt{a}+\sqrt{b})(\sqrt{a}-\sqrt{b})}=\frac{\sqrt{a}-\sqrt{b}}{a-b}$$

분모가 $\sqrt{a}-\sqrt{b}$로 되어 있을 때 유리화를 하기 위해서는 $\sqrt{a}+\sqrt{b}$를 곱하여 $a-b$로 바꾸고, 분자에도 $\sqrt{a}+\sqrt{b}$를 곱한다.

$$\frac{1}{\sqrt{a}-\sqrt{b}}=\frac{\sqrt{a}+\sqrt{b}}{(\sqrt{a}-\sqrt{b})(\sqrt{a}+\sqrt{b})}=\frac{\sqrt{a}+\sqrt{b}}{a-b}$$

예제 $\frac{1}{\sqrt{3}-\sqrt{2}}$ 를 유리화하시오.

84 순열공식

공식

$${}_{n}\mathrm{P}_{r}=\frac{n!}{(n-r)!}$$

정리

n개에서 r개를 꺼내 차례대로 나열하는 방법의 총수가 순열이다. 그래서 순열은 순서를 고려한다. 예를 들어 세 사람 A, B, C가 있다. 둘씩 짝을 지어 나열하는 경우의 수는 (A, B), (A, C), (B, A), (B, C), (C, A), (C, B)로 6가지이다. 순열의 공식은 ${}_{n}\mathrm{P}_{r}$인데, n개 중에서 r개를 택했다는 의미이다.

따라서 ${}_{3}\mathrm{P}_{2}=\frac{3!}{(3-2)!}=6$(가지)이다.

예제 4개의 인형이 있다. 인형을 3개씩 짝을 지어 일렬로 나열하는 경우의 수를 구하시오.

85 조합공식

공식

$$ {}_{n}\mathrm{C}_{r} = \frac{n!}{r!(n-r)!} $$

정리

순열에서 순서를 고려하지 않는 방법의 수는 조합이다. 조합공식은 ${}_{n}\mathrm{C}_{r}$로 나타낸다. 5개의 서로 다른 색깔을 가진 탁구공이 있다. 순서를 고려하지 않고 2개를 선택하는 경우의 수를 구할 수 있을까?

직접 일일이 나열하는 것보다는 ${}_{5}\mathrm{C}_{2}$로 나타내어 계산한다.

${}_{5}\mathrm{C}_{2} = \dfrac{5!}{2!(5-2)!} = 10$(가지)이다. 조합은 순열에 비해 순서를 고려하지 않기 때문에 경우의 수가 더 적다.

예제 6개의 서로 다른 색깔의 사탕이 있다. 사탕 3개를 선택하는 경우의 수를 구하시오.

86 중복조합공식

공식

$${}_{n}\mathrm{H}_{r} = {}_{n+r-1}\mathrm{C}_{r}$$

정리

중복 가능한 n개 중에서 r개를 선택하는 경우의 수를 중복조합이라 한다. 중복조합은 순서를 고려하지 않는다. 그리고 ${}_{n}\mathrm{H}_{r}$로 나타내고 계산은 ${}_{n+r-1}\mathrm{C}_{r}$로 한다.

예를 들어 창고 안에 축구공, 농구공, 테니스공이 있다. 3종류의 공 중에서 4개의 공을 선택하는 경우의 수를 구해 보자. 3종류의 공의 수는 4개 이상씩 있다고 가정한다.

${}_{3}\mathrm{H}_{4} = {}_{3+4-1}\mathrm{C}_{4} = {}_{6}\mathrm{C}_{4} = 15$(가지)이다.

예제 빨강, 파랑, 노랑, 보라, 남색 사탕이 있다. 사탕 8개를 선택하는 경우의 수를 구하시오(단, 색깔별로 8개 이상 있다고 가정한다).

87 로그의 정의

공식

$$x=a^y \Leftrightarrow y=\log_a x \ (\text{단 } a>0,\ a\neq 1,\ x>0)$$

정리

로그 함수는 지수 함수와 역관계이자 짝을 이루는 함수이다. 형태는 $y=\log_a x$로 나타낸다. 로그함수에서 조건에 해당하는 a는 밑이다. 밑의 조건은 양수이면서 1이 아닌 수이다. 그리고 x는 진수를 의미한다.

$\log_2 8$를 보자. 밑이 2이고 진수가 8이다.

$\log_2 8$은 2를 몇 제곱하면 8이 되는지를 나타내는 수이다.

2를 3제곱하면 8이 되므로 $\log_2 8=3$이다. 마찬가지로 $\log_4 256$의 로그값은 4이다.

예제 $\log_5 625$의 값을 구하시오.

88 로그의 성질 공식

공식

(1) $\log_a xy = \log_a x + \log_a y$

(2) $\log_a \frac{x}{y} = \log_a x - \log_a y$

(3) $\log_a x^r = r\log_a x$

(4) $a^{\log_a x} = x$

정리

(1)은 곱셈의 로그를 로그의 덧셈 형태로 바꾸는 공식이다. $\log_2 6 \times 7$을 $\log_2 6 + \log_2 7$로 바꿀 수 있다.

(2)는 나눗셈의 로그를 로그의 뺄셈 형태로 바꾸는 공식이다. $\log_3 \frac{16}{7}$은 $\log_3 16 - \log_3 7$로 바꿀 수 있다.

(3)은 로그의 거듭제곱을 로그 앞으로 보내는 공식이다. $\log_4 5^6$을 $6\log_4 5$의 형태로 나타낼 수 있다.

(4)는 우선 로그의 밑과 진수가 같으면 1이 된다는 것을 알아야 한다. 예를 들어 $\log_5 5 = 1$이다.

이제 (4)에서 의미하는 것을 살펴보자. 밑과 진수를 서로 바꾸어 계산할 수 있다.

$$a^{\log_a x} = x^{\log_a a} = x^1 = x$$

예를 들어 $6^{\log_6 13}$은 $13^{\log_6 6} = 13$이다.

예제 로그의 성질을 이용하여 $\log_3 81 + 5^{\log_5 2}$을 계산하시오.

89 로그의 밑변환 공식

공식

$$(1)\log_a b = \frac{\log_c b}{\log_c a}$$

$$(2)\log_a b = \frac{1}{\log_b a}$$

(단 $a>0$, $a\neq 1$, $b>0$, $b\neq 1$, $c>0$, $c\neq 1$)

정리

(1)을 증명하기 위해 $b=a^x$로 하자. 그러면 $x=\log_a b$이다.

$b=a^x$

양 변에 밑을 c로 하는 log를 놓으면

$\log_c b=\log_c a^x$

우변의 진수에서 x를 앞으로 보내면

$\log_c b=x\log_c a$

양 변을 $\log_c a$로 나누면

$\frac{\log_c b}{\log_c a}=x$

좌변과 우변을 서로 바꾸면

$$\therefore x = \frac{\log_c b}{\log_c a}$$

처음에 $x = \log_a b$와 $x = \dfrac{\log_c b}{\log_c a}$는 동치이므로 공식이 성립한다.

(2)는 로그에서 밑과 진수를 서로 바꾸면 역수가 성립한다는 공식이다.

예제 (1) 밑변환 공식으로 $\log_3 4$를 밑이 5인 로그로 바꾸시오.

(2) 밑변환 공식으로 $\log_2 10$을 역수의 형태로 나타내시오.

90 부채꼴의 중심각 정리

공식

$$\theta(\text{라디안}) = \frac{l}{r}$$

정리

라디안은 삼각함수에 입문할 때 가장 먼저 접하게 된다. 라디안은 각도를 길이의 비율로 나타낸 것이다. 즉 30°나 75° 같은 60분법으로 사용하는 각도를 길이의 비율로 나타내는 것이다. 라디안은 $\frac{\text{호의 길이}}{\text{반지름의 길이}}$로 나타내며 수학 공식으로는 $\theta(\text{라디안}) = \frac{l}{r}$이다.

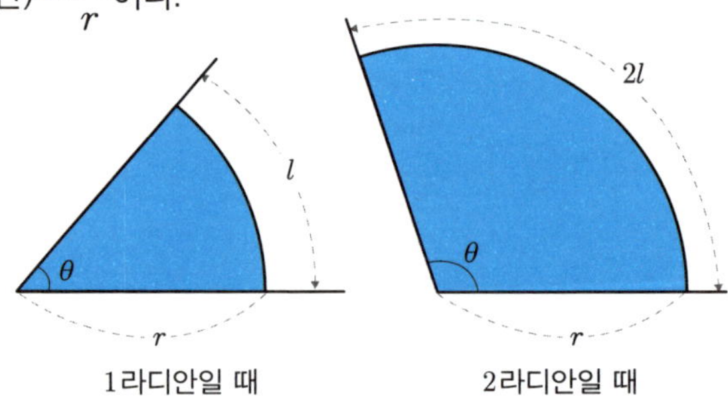

1라디안일 때 2라디안일 때

그리고 반지름의 길이는 일정하고 호의 길이만 2배 늘어나면 2라디안, 반지름의 길이는 일정하고 호의 길이만 3배 늘어나면 3라디안이 된다.

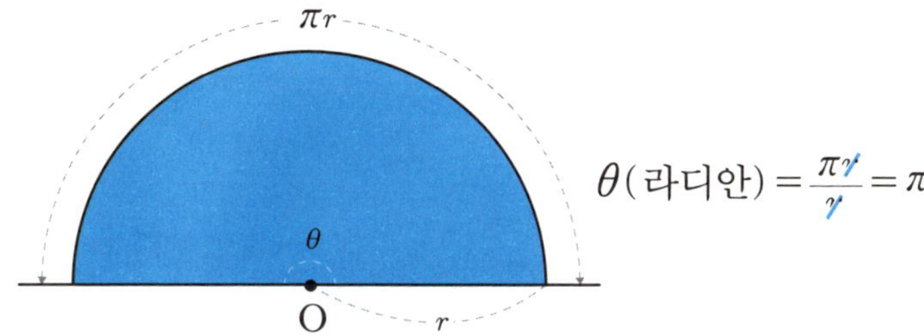

반원이 되었을 때는 $\frac{\pi r}{r}$이 되어 약분하면 π가 되는데 이때 θ가 180°이다. 즉 π(라디안)은 180°이다.

그래서 60진법으로는 60°인 각도는 라디안으로 $\frac{\pi}{3}$, 90°는 $\frac{\pi}{2}$, 135°는 $\frac{3}{4}\pi$로 나타낼 수 있다.

처음에는 각도를 라디안으로 바꾸는 것이 단번에 되지 않을 것이다. 따라서 비례식을 세워도 된다. 100°를 라디안으로 바꾸기 위해 $\pi : 180° = x : 100°$으로 비례식을 세워서 x를 풀면 $\frac{5}{9}\pi$ 이다.

예제 270°를 호도법(라디안으로 나타내는 방법)으로 나타내시오.

호의 길이 공식

공식

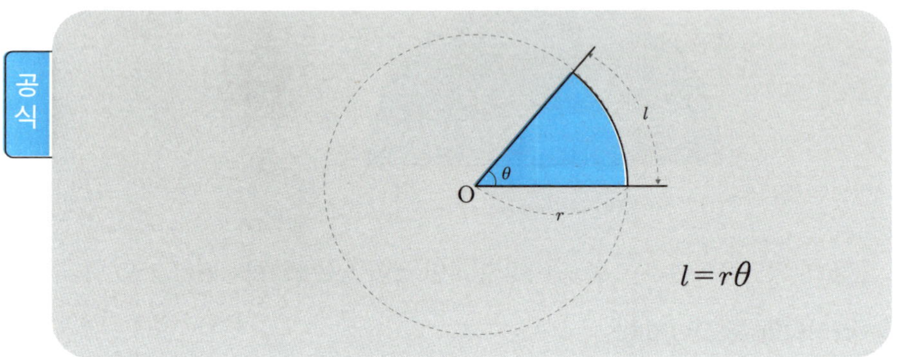

정리

라디안 공식을 통해 호의 길이 공식을 유도할 수 있다. 이미 알고 있는 θ(라디안)$=\dfrac{l}{r}$를 양 변에 r을 곱하여 정리하면 $l=r\theta$이다.

예제 반지름이 2이고 부채꼴의 중심각이 $\frac{\pi}{6}$일 때 호의 길이를 구하시오.

92 부채꼴의 넓이 공식

공식

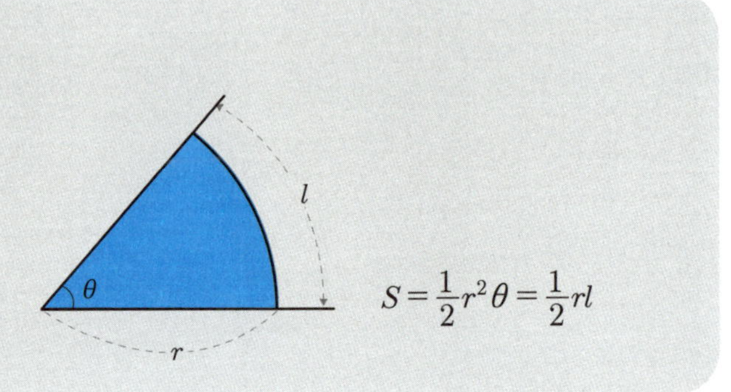

정리

이번 공식은 부채꼴의 넓이 공식을 호도법으로 나타낸 것이다. 이미 중학교에서 부채꼴의 넓이 S는 $\pi r^2 \times \frac{x^\circ}{360^\circ}$로 알고 있다. 여기서 360°를 호도법으로 나타내면 2π이다. 그리고 중심각 x°를 θ로 대입한다. 그러면 부채꼴의 넓이 공식은 $S=\pi r^2 \times \frac{\theta}{2\pi}$으로 약분하여 정리하면 $S=\frac{1}{2}r^2\theta$이다. 그리고 $l=r\theta$를 이용하여 나타내면 $S=\frac{1}{2}rl$이다.

예제 반지름의 길이가 4이며 중심각이 $\frac{\pi}{4}$ 인 부채꼴의 넓이를 구하시오.

93 삼각함수의 정의

공식

$$\sin\theta = \frac{y}{r}$$

$$\cos\theta = \frac{x}{r}$$

$$\tan\theta = \frac{y}{x}$$

정리

삼각비는 직각삼각형에서 sin, cos, tan를 이미 소개했다. 그런데 직각삼각형에서 90°를 초과하는 각이 있으면 삼각비를 나타내기 곤란하다. 이에 대해 함수적으로 자유롭게 나타내기 위해 직각삼각형과 원을 결합하여 삼각함수를 만든다.

좌표평면에 원점을 중심으로 하는 원의 방정식을 나타내고, 원의 방정식의 자취에 x와 y의 좌표를 나타내면 다음과 같다.

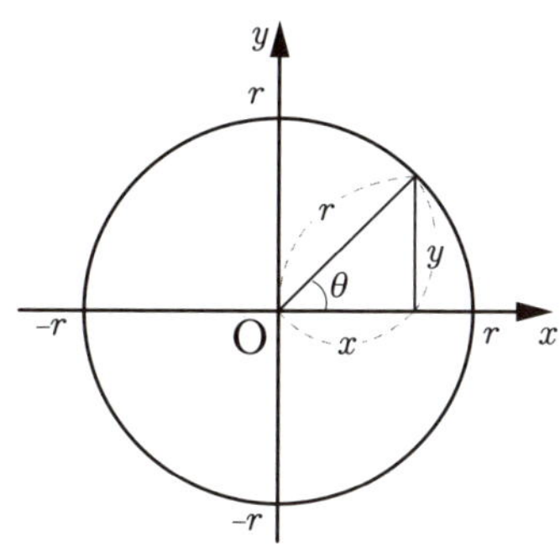

따라서 $\sin\theta = \dfrac{y}{r}$, $\cos\theta = \dfrac{x}{r}$, $\tan\theta = \dfrac{y}{x}$ 로 나타낸다.

94 사인법칙

공식

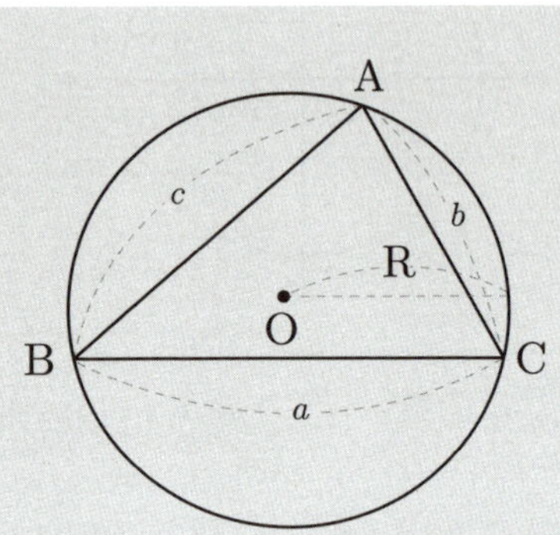

$$\frac{a}{\sin A}=\frac{b}{\sin B}=\frac{c}{\sin C}=2R$$ (R : 삼각형 ABC 외접원의 반지름)

정리

삼각형은 각이 클수록 마주 보는 대변의 길이도 길어진다. 각과 마주 보는 대변의 관계를 나타낸 것이 사인법칙이다. 오른쪽 그림처럼 삼각형 ABC와 외접원을 보자. R은 삼각형 ABC의 외접원의 반지름이다. 그리고 $\overset{\frown}{BC}$에 대하여 원주각인 ∠BAC와 ∠BA′C가 있다.

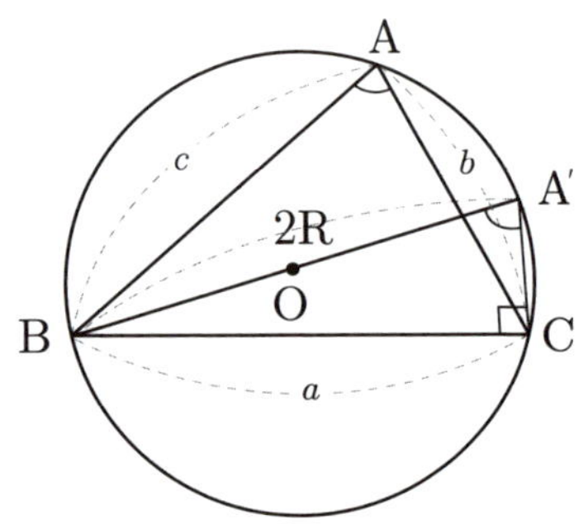

$\triangle$A′BC에서 $\sin A = \frac{a}{2R}$이므로 $2R = \frac{a}{\sin A}$이다.

같은 방법으로 하면 $2R = \frac{b}{\sin B}$, $2R = \frac{c}{\sin C}$ 이므로 $\frac{a}{\sin A} = \frac{b}{\sin B} = \frac{c}{\sin C} = 2R$이 성립한다.

예를 들어 $\triangle$ABC에서 $\angle$A$=45°$이고, 외접원의 반지름의 길이가 6일 때 $\overline{\text{BC}}$의 길이를 구할 수 있을까?

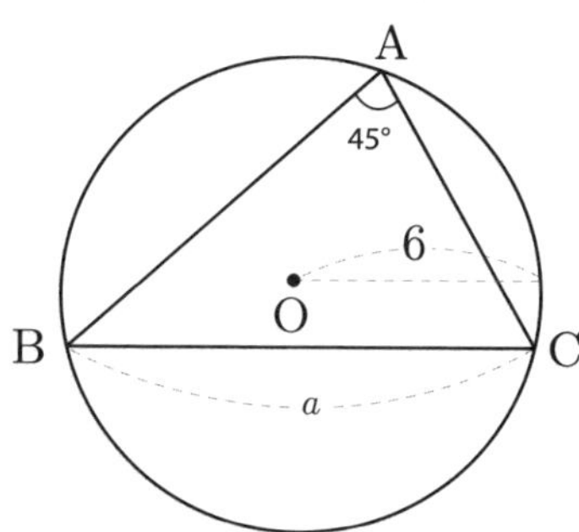

$\frac{a}{\sin A} = 2R$을 이용하면 $\frac{a}{\sin 45°} = 2\times 6$ 에서 $a = 6\sqrt{2}$ 이다.

예제 삼각형 ABC에서 $\angle A = 60°$, $\angle B = 45°$이고, 외접원의 반지름의 길이가 5일 때 $\overline{BC}$와 $\overline{AC}$의 길이를 구하시오.

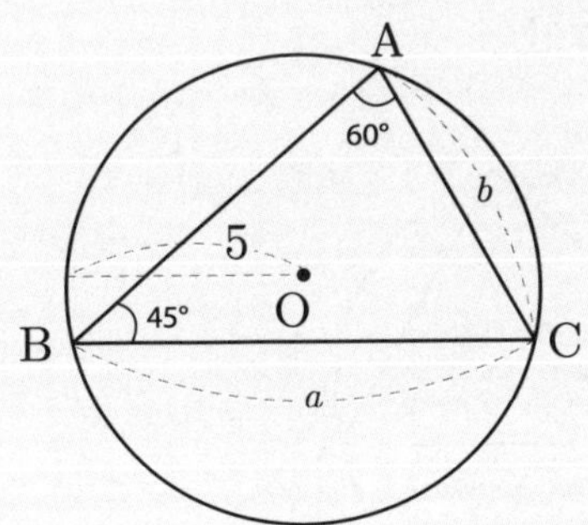

정n각형 넓이 공식

공식

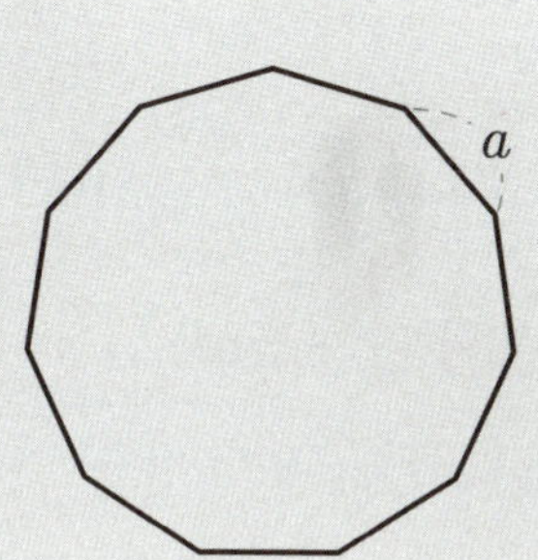

$$S = \frac{na^2}{4\tan\frac{\pi}{n}}$$

(a : 정n각형의 한 변의 길이)

정리

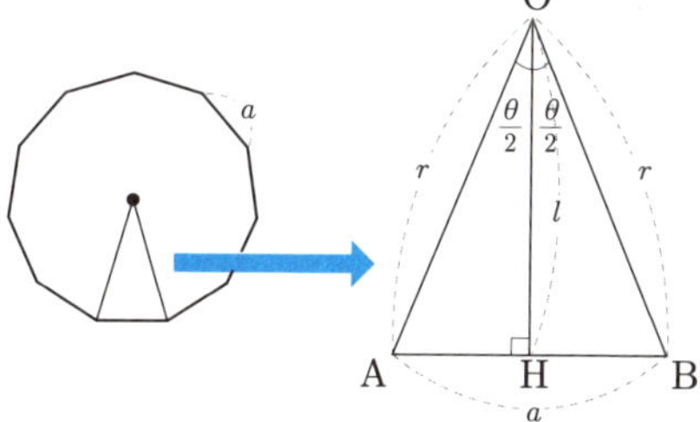

정n각형의 넓이를 S로 하면 n등분 중의 하나에 해당하는 삼각형 OAB의 넓이는 $\frac{S}{n}$ ······ ①

삼각형 OAB는 $\overline{OA}=\overline{OB}=r$이므로 이등변삼각형이며 점 O에서 $\overline{AB}$에 내린 수선의 발을 H, 높이가 l일 때 삼각형 OAB의 넓이 $\frac{S}{n}=\frac{1}{2}al$ ······②

$\angle AOB = \theta$이므로 $\angle AOH = \angle BOH = \dfrac{\theta}{2}$ ……③

삼각형 OAH에서 $\tan\dfrac{\theta}{2} = \dfrac{\frac{1}{2}a}{l}$이므로 $l = \dfrac{a}{2\tan\dfrac{\theta}{2}}$ ……④

$\theta = \dfrac{2\pi}{n}$이므로 ④에 대입하면 $l = \dfrac{a}{2\tan\dfrac{\pi}{n}}$ ……⑤

②와 ⑤에 의하여 삼각형 OAB의 넓이 $\dfrac{S}{n} = \dfrac{1}{2}al$

$= \dfrac{1}{2}a \times \left(\dfrac{a}{2\tan\dfrac{\pi}{n}}\right) = \dfrac{a^2}{4\tan\dfrac{\pi}{n}}$ ……⑥

$\therefore$ ⑥의 식$\times n$을 하면 정n각형 넓이 $S = \dfrac{na^2}{4\tan\dfrac{\pi}{n}}$

예제 정육각형의 한 변의 길이는 6이다. 정n각형의 넓이 공식으로 정육각형의 넓이를 구하시오.

96 등차수열공식

공식

a_1	a_2	a_3	…	a_n	…
a	$a+d$	$a+2d$	…	$a+(n-1)d$	…

a: 첫째항, d:공차, a_n:공차가 d인 등차수열의 n번째 항

정리

1, 2, 3, 4, …처럼 1만큼 늘어나는 수열이 있다고 하자. 첫째 항은 1이며 수열은 1만큼씩 늘어난다. 1은 공차이다. 이처럼 등차수열은 첫째 항부터 일정한 수를 더하여 만들어지는 수열이다. 첫째 항을 a, 공차를 d로 하면 n번째 수열은 $a+(n-1)d$로 구할 수 있다. n번째 수열은 일반항으로도 부른다.

이번에는 공차가 2인 수열의 일반항을 만들어 보자. 첫째 항을 3으로 하고 3, 5, 7, 9, …로 늘어나는 등차수열이 있을 때 일반항 $a_n=3+(n-1)\times 2$를 정리하면 $a_n=2n+1$이다.

예제 등차수열 $-2, 2, 6, 10, \cdots$의 일반항을 구하시오.

97 등차수열의 합 공식

공식

(1) 첫째 항이 a이고 n번째 항이 l일 때 $S_n = \frac{n(a+l)}{2}$

(2) 첫째 항이 a이고 공차가 d일 때 $S_n = \frac{n\{2a+(n-1)d\}}{2}$

(n : 항의 개수 , l : 마지막 항)

정리

첫째 항이 a이고 항의 개수가 n, 공차가 d인 등차수열의 합은 다음처럼 나타내어 유도할 수 있다. 이때 a_n은 마지막 항으로 l로 나타낸다.

$$\begin{array}{rl} S_n = & a+(a+d)+(a+2d)+\cdots+l \\ +)\ S_n = & l+(l-d)+(l-2d)+\cdots+a \\ \hline 2S_n = & n(a+l) \end{array}$$

윗 수식에서 첫 번째 줄은 a부터 l까지의 합을 나타낸 것이고 두 번째 줄은 l부터 a까지 나타낸 수열의 합으로 거꾸로 쓴 것이다. 두 수식을 더하면 $2Sn=n(a+l)$이며 양 변을 2로 나누어 정리하면 등차수열의 합

$S_n = \frac{n(a+l)}{2}$ 로 나타낼 수 있다.

등차수열를 구하는 두 번째 공식인 (2)는 l 대신에 a_n인 $a+(n-1)d$를 (1)의 공식에 대입하면 유도된다.

예제 첫째 항이 13이고 마지막 항이 103, 항의 개수가 10개인 등차수열의 합을 구하시오.

98 등비수열 일반항 공식

공식

a_1	a_2	a_3	$\cdots$	a_n	$\cdots$
a	ar	ar^2	$\cdots$	ar^{n-1}	$\cdots$

(a : 첫 번째 항, r : 공비, a_n : 공비 r인 등비수열의 n번째 항)

정리

등비수열은 일정한 수를 곱하여 나타낸 수열이다. 일정한 수는 공비로 r로 나타낸다.

예를 들어 첫 번째 항이 2이고 공비가 3인 등비수열의 일반항을 구해 보자. 등비수열의 일반항 공식 $a_n = ar^{n-1}$에 대입하면 된다. 따라서 $a_n = 2 \cdot 3^{n-1}$이다.

따라서 등비수열은 첫 번째 항과 공비를 알면 일반항을 구할 수 있다.

예제 다음 등비수열의 일반항을 구하시오.

$7, 49, 343, 2401, \cdots$

99 등비수열의 합 공식

공식

(1) 공비 r이 1이 아닐 때 $S_n = \frac{a(1-r^n)}{1-r} = \frac{a(r^n-1)}{r-1}$

(2) 공비 r이 1이면 $S_n = na$

정리

(1)은 공비 r이 1이 아닐 때의 공식이다. S_n을 첫째 항 1부터 n번째 항까지 합을 나타낼 때의 식과 S_n에 공비 r을 곱한 식을 빼면 $(1-S_n) = a - ar^n$으로 나타낸다.

$$
\begin{array}{rl}
S_n = & a + ar + ar^2 + \cdots + ar^{n-1} \\
-)\ rS_n = & \qquad ar + ar^2 + \cdots + ar^{n-1} + ar^n \\
\hline
(1-r)S_n = & a - ar^n
\end{array}
$$

그리고 $(1-r)S_n = a - ar^n$의 양 변을 $1-r$로 나누면 $S_n = \frac{a(1-r^n)}{1-r}$이 된다. r이 1보다 작을 때 사용한다. 윗 수식에서 둘째 줄에서 첫째 줄의 식을 빼면 $(r-1)S_n = ar^n - a$에서 유도되는 공식 $S_n = \frac{a(r^n-1)}{r-1}$이 있다. 이 공식은 r이 1보다 클 때 사용한다.

(2)의 공비 r이 1인 경우는 3, 3, 3, 3, …처럼 공비가 1인 등비수열로, 일정한 수로 계속 나열되는 경우이다. 이때 등비수열의 합은 일정한 수에 개수를 곱한 것으로 간단히 $S_n=na$이다.

예제 첫째 항이 2이고 공비가 2인 등비수열의 첫째 항부터 10번째 항까지의 합을 구하시오.

원리합계 공식

공식

$$단리\ 원리합계 = 원금 \times \{1 + 이율 \times 기간\}$$

$$복리\ 원리합계 = 원금 \times \{1 + 이율\}^{기간}$$

정리

원금 a를 연이율 r로 n년 동안 예금할 때의 원리합계를 S로 하면 단리법으로는 $a(1+rn)$이고, 복리법으로는 $a(1+r)^n$이다.

100만 원을 한꺼번에 예금한다고 하자.

10년 만기에 3%의 금리의 예금이라면 단리법으로 100(만 원)×(1+0.03×10)=130(만 원)을 만기에 받을 수 있다.

복리법으로는 100(만 원)×$(1+0.03)^{10}$≈134(만 원)을 만기에 받을 수 있다. 알짜수익을 추구하는 예금을 계획하는 사람이라면 약 4만 원을 더 받을 수 있는 복리법의 예금에 돈을 저금할 것이다.

예제 연이율이 4%인 상품에 200만 원을 10년 동안 예금했을 때, 단리와 복리에 따른 이자의 차이를 구하시오.(단 1.04^{10}은 1.48로 계산한다.)

456 367 789 123
BANK
4356 XXXX XXXX 1342

$$l = \frac{2\pi^2 B}{v} s o^2 v^2 = \frac{p o^2 v}{2B} = \frac{p o^2}{2 p V}$$

$$l = l_1 + l_2 +$$

r

$$V_e = \sqrt{\frac{2GM}{R}}$$

l

$$k = \sqrt{l/m}$$

C

r

$$\frac{dN}{dt} = -\lambda N$$

$$m g'_\theta = mg - m\omega^2 R \cos^2\theta$$

$$B = [Z m_p + (A - Z) m$$

y

$$V = L \times W \times h$$

x

$$\frac{1}{F} = \frac{1}{f_1} + \frac{1}{f_2}$$

$$\frac{1}{\lambda} = RZ^2 \left[\frac{1}{n^2} - \frac{1}{m^2}\right]$$

$$f(x) = \frac{a}{x}$$

U

$-A$ 0

$$E_p = \frac{1}{4\pi\epsilon_0} \frac{qx}{(a^2 + x^2)^{3/2}}$$

K

$-A$ 0

$$V = \pi r^2 \times h$$

$$N = N_0 / 2^n$$

L

$$B = \frac{\mu_0 i}{4\pi d} (\cos\theta$$

N A N A

$$p_1 = p_0 \sin$$

$\lambda/2$

$$p_2 = p_0 s$$

부록

중1 수학

1. 교환법칙

덧셈의 교환법칙 $a+b=b+a$

곱셈의 교환법칙 $a\times b=b\times a$

(예) a를 2, b를 3으로 임의로 정하면 교환법칙이 성립하는 것을 알 수 있다. 덧셈의 교환법칙 $2+3=3+2$, 곱셈의 교환법칙 $2\times3=3\times2$가 성립한다. 교환법칙은 뺄셈과 나눗셈은 성립하지 않는다.

2. 결합법칙

덧셈의 결합법칙 $(a+b)+c=a+(b+c)$

곱셈의 결합법칙 $(a\times b)\times c=a\times(b\times c)$

(예) a를 3, b를 4, c를 5로 임의로 정하면 덧셈의 결합법칙은 $(3+4)+5=3+(4+5)$, 곱셈의 결합법칙은 $(3\times4)\times5=3\times(4\times5)$가 성립한다. 결합법칙도 뺄셈과 나눗셈은 성립하지 않는다.

3. 분배법칙

$a\times(b+c)=ab+ac$

(예) $a\times(b+c)=ab+ac$ (①, ②)

a를 2, b를 4, c를 6으로 하면 $a\times(b+c)=2\times(4+6)$

$=2\times4+2\times6=20$이다.

4. 정수와 유리수의 곱셈 부호

$(+)\times(+)=(+)$

$(+)\times(-)=(-)$

$(-)\times(+)=(-)$

$(-)\times(-)=(+)$

(예) $(+2)\times(+2)=(+4)$, $(+2)\times(-2)=(-4)$, $(-2)\times(+2)=(-4)$,

$(-2)\times(-2)=(+4)$

5. 정수와 유리수의 나눗셈 부호

$(+) \div (+) = (+)$

$(+) \div (-) = (-)$

$(-) \div (+) = (-)$

$(-) \div (-) = (+)$

(예) $(+4) \div (+2) = (+2)$, $(+4) \div (-2) = (-2)$, $(-4) \div (+2) = (-2)$, $(-4) \div (-2) = (+2)$

6. 계급값 공식

$$\text{계급값} = \frac{\text{계급의 양끝값의 합}}{2}$$

(예) 계급값은 계급의 중앙값으로 예를 들어 70 이상~80 미만의 도수이면 75가 계급값이다.

7. 삼각형의 합동조건

SSS합동조건 : 대응하는 세 변의 길이가 각각 같은 조건

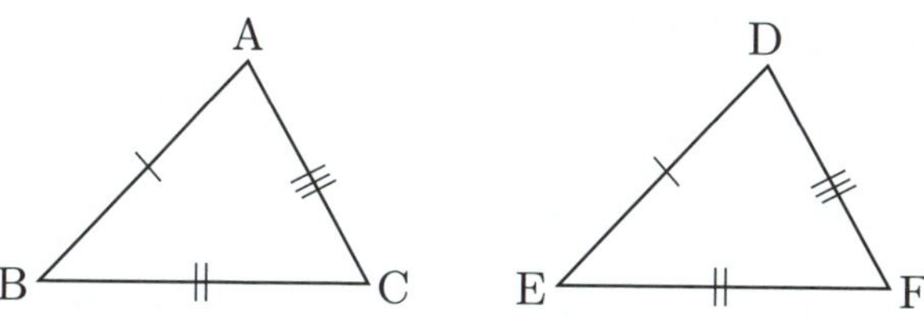

SAS합동조건 : 대응하는 두 변의 길이가 각각 같고, 끼인각의 크기가 같은 조건

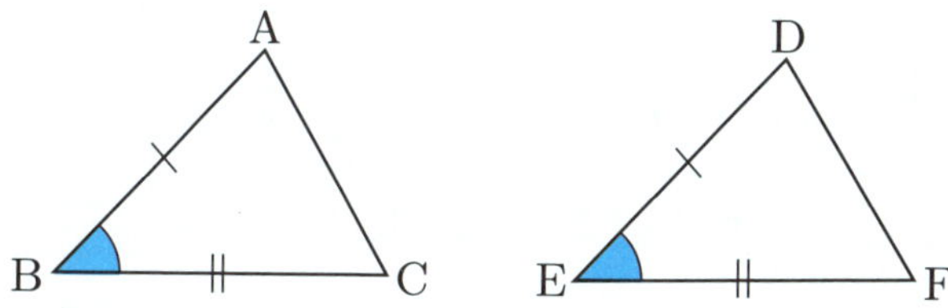

ASA합동조건 : 대응하는 한 변의 길이가 각각 같고, 그 양 끝각의 크기가 같은 조건

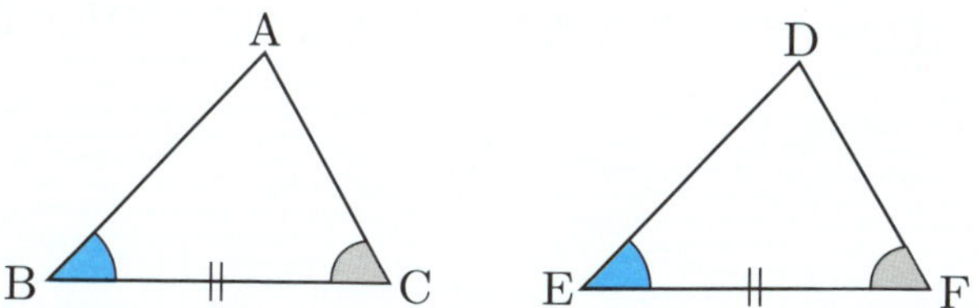

S는 Side의 약자로 도형의 변을 의미한다. A는 Angle의 약자로 도형의 각도를 의미한다.

중2 수학

1. 순환소수와 순환마디

순환소수 – 무한소수 중에서 소숫점 아래의 자릿수에서 일정한 숫자의 배열이 무한하게 나타나는 소수

순환마디 – 순환소수에서 소수의 배열이 반복되는 부분

(예) $\frac{22}{9}$는 2.44444……이므로 순환소수로 나타내면 $2.\dot{4}$이다. 여기서 순환마디는 4이다.

$\frac{11}{7}$은 1.571428571428……이므로 순환소수로 나타내면 $1.\dot{5}7142\dot{8}$이다. 순환마디는 5,7,1,4,2,8이다.

2. 순환소수의 분수 표현

순환소수를 x로 놓고 10의 배수를 곱하여 큰 수에서 작은 수를 뺀 다음 분수로 나타낸다.

(예) 순환소수 $x=0.\dot{2}6\dot{7}$이 있으면

$1000x=267.267267\cdots$ ……①

$x=0.267267267\cdots$ ……②

①－②을 하면 $999x=267$ $\therefore\ x=\frac{89}{333}$

3. 지수법칙-1

$a^m \times a^n = a^{m+n}$

$(a^m)^n = a^{m\times n}$

(예) $3^2\times 3^3=3^{2+3}=3^5$, $(5^4)^2=5^{4\times 2}=5^8$

3. 지수법칙-2

$m>n$일 때 $a^m \div a^n = a^{m-n}$

$m=n$일 때 $a^m \div a^n = 1$

$m<n$일 때 $a^m \div a^n = \frac{1}{a^{n-m}}$

(예) $2^7\div 2^5=2^{7-5}=2^2$, $2^6\div 2^6=1$, $2^9\div 2^{11}=\frac{1}{2^{11-9}}=\frac{1}{2^2}$

4. 경우의 수

두 사건 A, B가 동시에 일어나지 않으면 사건 A 또는 B가 일어나는 경우의 수 $m+n$

두 사건 A, B가 동시에 일어나는 경우의 수 $m \times n$

(예) 한 개의 주사위를 던질 때 3의 배수 또는 5의 배수가 나오는 경우의 수는 3의 배수는 3과 6으로 2가지이고, 5의 배수는 5로 1가지이므로 $2+1=3$가지이다.

동전 1개와 주사위 1개를 동시에 던질 때 경우의 수는 동전은 앞면과 뒷면의 2가지, 주사위는 1에서 6의 눈까지 6가지이므로 $2\times6=12$가지이다.

5. 삼각형의 외심

삼각형의 세 변의 수직이등분선의 교점 O

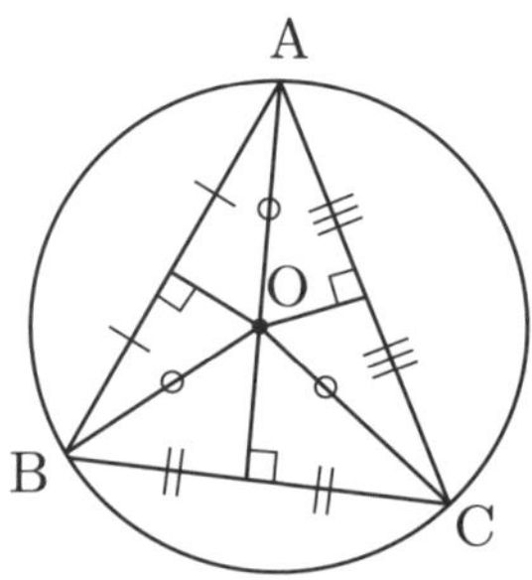

삼각형의 세 변의 수직이등분선은 한 점에서 만나고 외심 O에서 세 꼭짓점에 이르는 거리는 같다.

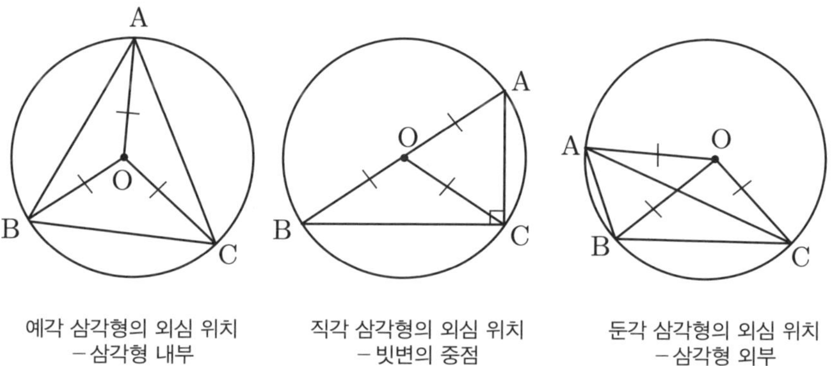

예각 삼각형의 외심 위치
– 삼각형 내부

직각 삼각형의 외심 위치
– 빗변의 중점

둔각 삼각형의 외심 위치
– 삼각형 외부

6. 삼각형의 닮음조건

(1) 세 쌍의 대응변의 길이의 비가 같을 때: SSS닮음

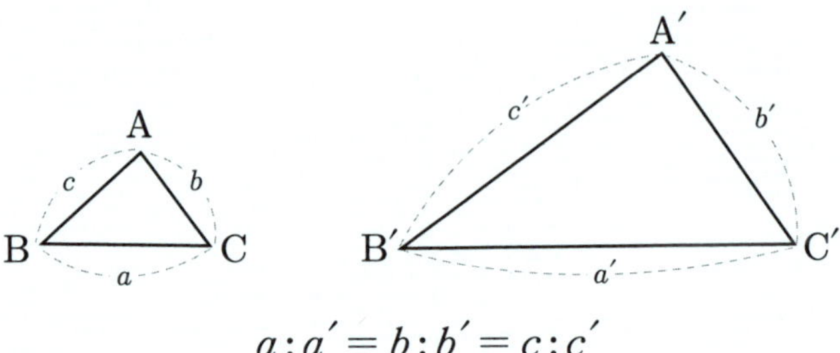

$$a:a' = b:b' = c:c'$$

(2) 두 쌍의 대응변의 길이의 비가 같고 끼인각의 크기가 같을 때: SAS닮음

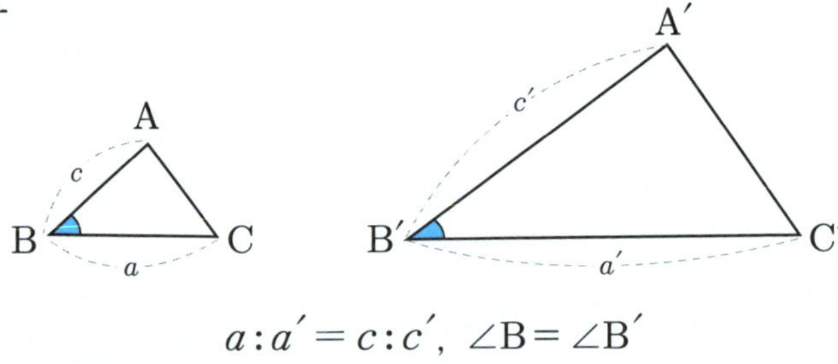

$$a:a' = c:c',\ \angle B = \angle B'$$

(3) 두 쌍의 대응각의 크기가 같을 때: AA닮음

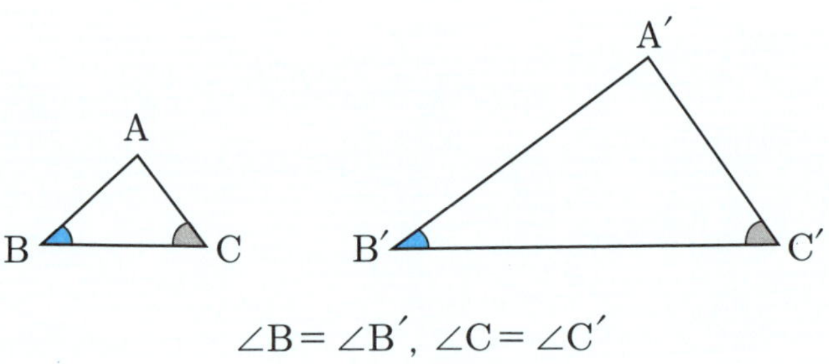

$$\angle B = \angle B',\ \angle C = \angle C'$$

7. 삼각형의 무게중심

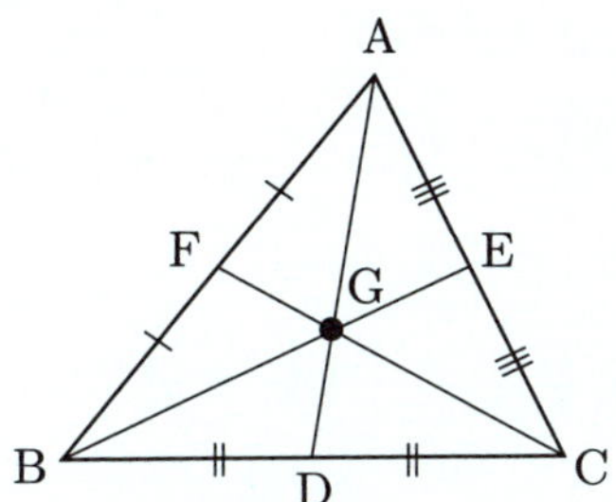

삼각형의 무게중심 G는 세 중선의 길이를 각 꼭짓점에서 2 : 1로 나눈다.

(1) $\overline{AG}:\overline{GD}=\overline{BG}:\overline{GE}=\overline{CG}:\overline{GF}=2:1$

(2) $\triangle AGF=\triangle BGF=\triangle BGD=\triangle CGD=\triangle CGE=\triangle AGE=\frac{1}{6}\triangle ABC$

(3) $\triangle ABG=\triangle BCG=\triangle CAG=\frac{1}{3}\triangle ABC$

8. 닮은 두 평면 도형의 넓이의 비

닮음비가 $m:n$이면 넓이의 비는 $m^2:n^2$

(예) 닮음비가 1 : 2인 두 원의 넓이의 비는 1 : 4

9. 닮은 두 입체도형의 겉넓이의 비와 부피의 비

닮음비가 $m:n$인 두 입체도형의 겉넓이의 비는 $m^2:n^2$

닮음비가 $m:n$인 두 입체도형의 부피의 비는 $m^3:n^3$

(예) 닮음비가 2:3인 두 입체도형의 겉넓이의 비는 4:9이고, 부피의 비는 8:27이다.

10. 닮음의 활용 공식

$$(\text{축척}) = \frac{(\text{축도에서의 길이})}{(\text{실제길이})}$$

(축도에서의 길이) = (실제 길이) × (축척)

(예)

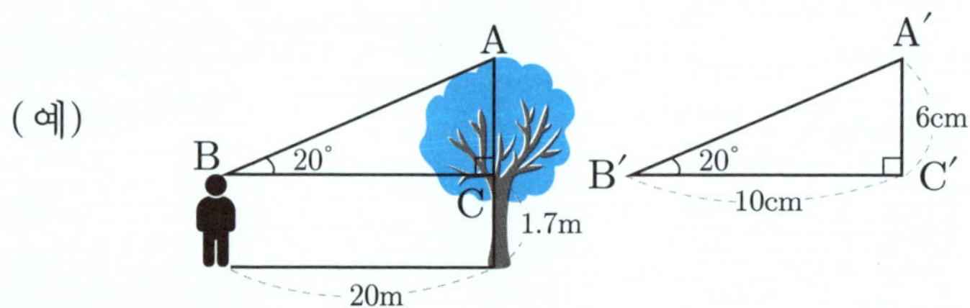

눈높이가 1.7(m)인 사람이 나무로부터 20(m) 떨어져 나무를 바라본 모습을 축도로 그려 위의 그림처럼 나타내면, 다음과 같이 구해진다.

$$(\text{축척}) = \frac{10(\text{cm})}{20(\text{m})} = \frac{10(\text{cm})}{2000(\text{cm})} = \frac{1}{200}$$

(나무의 높이) = 200×6 + 170 = 1370(cm) = 13.7(m)

중3 수학

1. 제곱근의 덧셈과 뺄셈

$a>0$이고, m과 n이 유리수이면,

(1) $m\sqrt{a}+n\sqrt{a}=(m+n)\sqrt{a}$

(2) $m\sqrt{a}-n\sqrt{a}=(m-n)\sqrt{a}$

(예) $2\sqrt{3}+3\sqrt{3}=(2+3)\sqrt{3}=5\sqrt{3}$

$6\sqrt{5}-2\sqrt{5}=(6-2)\sqrt{5}=4\sqrt{5}$

2. 제곱근의 곱셈

$a>0$, $b>0$이면,

(1) $\sqrt{a}\times\sqrt{b}=\sqrt{a}\sqrt{b}=\sqrt{ab}$

(2) $\sqrt{a^2b}=\sqrt{a^2\times b}=\sqrt{a^2}\times\sqrt{b}=a\sqrt{b}$

(예) $\sqrt{2}\times\sqrt{3}=\sqrt{2\times3}=\sqrt{6}$, $\sqrt{2^2\times3}=\sqrt{2^2}\times\sqrt{3}=2\sqrt{3}$

3. 제곱근의 나눗셈

$a>0$, $b>0$이면,

(3) $\sqrt{a} \div \sqrt{b} = \dfrac{\sqrt{a}}{\sqrt{b}} = \sqrt{\dfrac{a}{b}}$

(4) $\sqrt{\dfrac{a}{b^2}} = \dfrac{\sqrt{a}}{\sqrt{b^2}} = \dfrac{\sqrt{a}}{b}$

(예) $\sqrt{2} \div \sqrt{3} = \dfrac{\sqrt{2}}{\sqrt{3}} = \sqrt{\dfrac{2}{3}}$, $\sqrt{\dfrac{2}{9}} = \sqrt{\dfrac{2}{3^2}} = \dfrac{\sqrt{2}}{\sqrt{3^2}} = \dfrac{\sqrt{2}}{3}$

4. 원의 외접사각형 변의 성질 공식

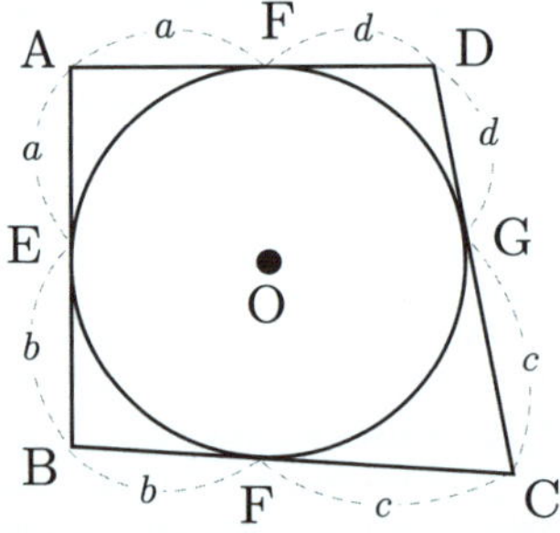

원에 외접하는 사각형의 두 쌍의 대변의 길이의 합은 서로 같다.

$\overline{AB}+\overline{CD}=\overline{AD}+\overline{BC}$

5. 편차, 분산, 표준편차 공식

(편차)=(변량)-(평균)

$$(\text{분산})=\frac{\{(\text{편차})^2\text{의 총합}\}}{(\text{변량의 개수})}, \quad (\text{표준편차})=\sqrt{(\text{분산})}$$

(예) 어느 나라의 2013년부터 2022년 7월 날씨를 기록한 표가 다음과 같을 때

	2013년	2014년	2015년	2016년	2017년	2018년	2019년	2020년	2021년	2022년
기온 (°C)	10	12	11	16	12	15	16	14	13	11

$$(\text{평균})=\frac{10+12+11+16+12+15+16+14+13+11}{10}=13(^\circ\text{C})$$

$(\text{분산})=\{(10-13)^2+(12-13)^2+(11-13)^2+(16-13)^2+(12-13)^2$

$+(15-13)^2+(16-13)^2+(14-13)^2+(13-13)^2+(11-13)^2\}\div 10$

$=4.2$

$(\text{표준편차})=\sqrt{4.2}\approx 2.05(^\circ\text{C})$

해답

1 24개 **풀이** $360=2^3\times3^2\times5$이므로 약수의 개수는 $(3+1)\times(2+1)\times(1+1)=24$이다.

2 10 **풀이** $S=\frac{1}{2}\times3\times h=15$에서 $h=10$

3 32 **풀이** $S=4\times8=32$

4 6 **풀이** 세로의 길이를 x로 놓자. 직사각형의 둘레=가로의 길이×2+세로의 길이×2이므로 $20=4\times2+x\times2$에서 $x=6$

5 8 **풀이** $S=2\times4=8$

6 6 **풀이** $S=\frac{1}{2}\times3\times4=6$

7 25 **풀이** $S=5^2=25$

8 $\frac{55}{2}$ $(=27.5)$ **풀이** $\mathrm{S}=\frac{1}{2}\times(4+7)\times5=\frac{55}{2}$

9 210(명) **풀이** $700\times\frac{30}{100}=210$(명)

10 150(g) 풀이 설탕의 질량은 $\frac{20}{100}\times 250 = 50(\mathrm{g})$이다.
$\frac{50+x}{250+x}\times 100 = 50$으로 식을 세워 풀면 $x=150(\mathrm{g})$

11 0.5(㎤) 풀이 부피$=\frac{\text{질량}}{\text{밀도}}$이므로 구하고자 하는
부피$=\frac{3(\mathrm{g})}{6(\mathrm{g/cm^3})}=0.5(\mathrm{cm^3})$

12 189개 풀이 $\frac{21\times(21-3)}{2}=189$

13 1440° 풀이 $180\times(10-2)=1440$

14 162° 풀이 $\frac{180\times(20-2)}{20}=162$

16 8π 풀이 $l=2\pi r$이므로 원의 둘레$=2\times\pi\times 4=8\pi$

17 25π 풀이 $S=\pi r^2$이므로 원의 넓이 $S=\pi\times 5^2=25\pi$

18 오일러의 정리가 성립한다. 풀이 v:6, e:9, f:5이므로 오일러의 정리 $v-e+f=6-9+5=2$가 성립한다.

19 54 풀이 $S=6\times 3^2=54$

20 125 풀이 $V=5^3=125$

21 94 풀이 $S=2\times(3\times4+4\times5+5\times3)=94$

22 42 풀이 $V=2\times3\times7=42$

23 20π 풀이 $S=2\pi r(h+r)$이므로 $S=2\pi\times2\times(3+2)=20\pi$

24 63π 풀이 $V=\pi r^2h$이므로 $V=\pi\times3^2\times7=63\pi$

25 10 풀이 $V=\frac{1}{3}Sh$이므로 $V=\frac{1}{3}\times5\times6=10$

26 $\frac{16}{3}\pi$ 풀이 $V=\frac{1}{3}\pi r^2h$이므로 $V=\frac{1}{3}\pi\times2^2\times4=\frac{16}{3}\pi$

27 144π 풀이 $S=4\pi r^2$이므로 $S=4\pi\times6^2=144\pi$

28 $\frac{256}{3}\pi$ 풀이 $V=\frac{4}{3}\pi r^3$이므로 $V=\frac{4}{3}\pi\times4^3=\frac{256}{3}\pi$

29 $\frac{3}{5}$ 풀이 기울기 $a=\frac{8-5}{2-(-3)}=\frac{3}{5}$

30 $y=-\frac{12}{11}x+\frac{103}{11}$ **풀이** 점(x_1,y_1)과(x_2,y_2)를 지나는 직선의 방정식일 때 $y=\frac{y_2-y_1}{x_2-x_1}(x-x_1)+y_1$을 적용하여 두 점을 지나는 방정식을 세운다. $y=\frac{17-5}{-7-4}(x-4)+5$으로 세운 후 간단히 하면 $y=-\frac{12}{11}x+\frac{103}{11}$

31 6 **풀이** $S=\frac{1}{2}r(a+b+c)$에 대입하면 $S=\frac{1}{2}\times1\times(3+4+5)=6$

32 10 **풀이** 빗변의 길이 x이며 피타고라스의 정리를 이용하면 $x^2=6^2+8^2$에서 $x^2=100$, $\therefore x=10$

33 2.163

35 1444 **풀이** $(40-2)^2=40^2-2\times40\times2+2^2=1600-160+4=1444$

36 $15x^2+13x+2$ **풀이** $(3x+2)(5x+1)=3x\times5x+3x\times1+2\times5x+2\times1=15x^2+13x+2$

37 1596 **풀이** $(40+2)(40-2)=40^2-2^2=1600-4=1596$

38 $(a+7)^2$ **풀이** $a^2+14a+49=a^2+2\times a\times7+7^2=(a+7)^2$

39 $(5x+4)(6x-1)$ **풀이** $30x^2+(24-5)x-4=(5x+4)(6x-1)$

$5x$	4	$24x$
$6x$	-1	$-5x$
		$(24-5)x$

40 x=-1 또는 $\frac{1}{2}$ **풀이** $x=\frac{-1\pm\sqrt{1^2-4\times2\times(-1)}}{2\times2}=\frac{-1\pm3}{4}$, $\therefore x=-1$ 또는 $\frac{1}{2}$

41 x=-2 또는 $\frac{4}{3}$ **풀이** $x=\frac{-1\pm\sqrt{1^2-3\times(-8)}}{3}=\frac{-1\pm5}{3}$, $\therefore x=-2$ 또는 $\frac{4}{3}$

42 $\alpha+\beta=-\frac{7}{5}$, $\alpha\beta=\frac{6}{5}$ **풀이** $5x^2+7x+6=0$에서 $a=5, b=7, c=6$이므로

$$\alpha+\beta=-\frac{7}{5},\ \alpha\beta=\frac{6}{5}$$

43 sin A=$\frac{3}{5}$, cos A=$\frac{4}{5}$, tan A=$\frac{3}{4}$

44 $2\sqrt{3}$ **풀이** $S=\frac{1}{2}\times4\times2\times\sin60°=\frac{1}{2}\times2\sqrt{3}\times4\times\cos60°=2\sqrt{3}$

45 $\frac{5\sqrt{3}}{2}$ **풀이** $S=\frac{1}{2}\times5\times2\times\sin60°=\frac{5\sqrt{3}}{2}$

46 280° **풀이** $\angle y=2\angle\mathrm{BCD}=2\times100°=200°$이므로 $\angle\mathrm{BOD}=360°-200°=160°$이다. $\angle x=\frac{1}{2}\angle\mathrm{BOD}=\frac{1}{2}\times160°=80°$이며 따라서 $\angle x+\angle y=80°+200°=280°$

47 30° **풀이** $\angle\mathrm{CPB}$는 지름에 대한 원주각이므로 90°이며 $\angle\mathrm{BPA}=30°$이다. 접현의 정리에 의해 $\angle x=\angle\mathrm{BPA}$이므로 $\angle x=30°$

48 6(cm) **풀이** 방멱의 정리에 의해 $\overline{\mathrm{PA}}\times\overline{\mathrm{PB}}=\overline{\mathrm{PC}}\times\overline{\mathrm{PD}}$ 이므로 $3\times4=2\times\overline{\mathrm{PD}}$에서 $\overline{\mathrm{PD}}=6(\mathrm{cm})$

49 $\frac{3\sqrt{3}}{2}$ (cm) **풀이** 높이 $h=\frac{\sqrt{3}}{2}a$ 이므로 구하고자 하는 높이

$h=\frac{\sqrt{3}}{2}\times 3=\frac{3\sqrt{3}}{2}$ (cm)

50 $\frac{25\sqrt{3}}{4}$ **풀이** $S=\frac{\sqrt{3}}{4}\times 5^2=\frac{25\sqrt{3}}{4}$

51 $\frac{35\sqrt{11}}{4}$ **풀이** $a=7$, $b=9$이며 $S=\frac{a}{4}\sqrt{4b^2-a^2}$ 이므로 구하는

$S=\frac{7}{4}\sqrt{4\times 9^2-7^2}=\frac{35\sqrt{11}}{4}$

52 $2\sqrt{13}$ **풀이** $a=4$, $b=6$이므로 대각선의 길이 $d=\sqrt{a^2+b^2}$에서

$\sqrt{4^2+6^2}=2\sqrt{13}$

53 $27\sqrt{3}$(cm²) **풀이** 사각형 $ABCD$의 넓이$=\frac{1}{2}\times 12\times 9\times \sin 60°=27\sqrt{3}$ (cm²)

54 $\frac{7}{2}(1+\sqrt{5})$ **풀이** $d=\frac{(1+\sqrt{5})}{2}a$ 이므로 $d=\frac{(1+\sqrt{5})}{2}\times 7=\frac{7}{2}(1+\sqrt{5})$

55 $96\sqrt{3}$ **풀이** $S=\frac{3\sqrt{3}}{2}a^2$ 이므로 구하고자 하는 정육각형의 넓이는 $S=\frac{3\sqrt{3}}{2}\times 8^2=96\sqrt{3}$

56 $2\sqrt{7}$ **풀이** $a=4$, $b=6$이므로 구하고자 하는

$h=\sqrt{6^2-\frac{4^2}{2}}=\sqrt{36-8}=2\sqrt{7}$

57 36(1+√10) **풀이** $a=6$, $h=9$이므로 $S=a\sqrt{a^2+4h^2}+a^2$ 을 이용하여 정사각뿔의 겉넓이를 구하면 $S=6\times\sqrt{6^2+4\times9^2}+6^2=36(1+\sqrt{10})$

58 $\frac{32\sqrt{14}}{3}$ **풀이** $a=4$, $b=8$이므로 $V=\frac{1}{3}a^2\sqrt{b^2-\frac{a^2}{2}}$ 을 이용하면 $V=\frac{1}{3}\times4^2\times\sqrt{8^2-\frac{4^2}{2}}=\frac{32\sqrt{14}}{3}$

59 $\frac{2\sqrt{6}}{3}$ **풀이** $a=2$이므로 $h=\frac{\sqrt{6}}{3}a$을 이용하면 $h=\frac{\sqrt{6}}{3}\times2=\frac{2\sqrt{6}}{3}$

60 $9\sqrt{3}$ **풀이** $S=\sqrt{3}a^2$을 이용하면 $S=\sqrt{3}\times3^2=9\sqrt{3}$

61 $144\sqrt{2}$ **풀이** $V=\frac{\sqrt{2}}{12}a^3$ 을 이용하면 $V=\frac{\sqrt{2}}{12}\times12^3=144\sqrt{2}$

62 24π **풀이** $S=\pi r\sqrt{r^2+h^2}+\pi r^2$이므로

$$S=\pi\times3\times\sqrt{3^2+4^2}+\pi\times3^2=15\pi+9\pi=24\pi$$

63 $2\sqrt{21}$ **풀이** $d=\sqrt{2^2+4^2+8^2}=2\sqrt{21}$

64 $2\sqrt{14}$ **풀이** $s=\frac{3+6+5}{2}=7$, $S=\sqrt{7\times(7-3)\times(7-6)\times(7-5)}=2\sqrt{14}$

65 $a^2+4b^2+9c^2+4ab+12bc+6ca$ **풀이** $(a+2b+3c)^2=a^2+(2b)^2+(3c)^2+2\times a\times2b+2\times2b\times3c+2\times3c\times a=a^2+4b^2+9c^2+4ab+12bc+6ca$

66-1 $8x^3+1$ **풀이** $(2x+1)(4x^2-2x+1)=(2x)^3+1^3=8x^3+1$

66-2 $27x^3-108x^2+144x-64$ **풀이** $(3x)^3-3\times(3x)^2\times4+3\times(3x)\times4^2-4^3=27x^3-108x^2+144x-64$

67 $81x^4-216x^3+216x^2-96x+16$ **풀이** $(a+b)^4=a^4+4a^3b+6a^2b^2+4ab^3+b^4$을 이용하면 $(-3x+2)^4=(-3x)^4+4\times(-3x)^3\times2+6\times(-3x)^2\times2^2+4\times(-3x)\times2^3+2^4=81x^4-216x^3+216x^2-96x+16$

68-1 $(a+2b)^3$

69 $2\sqrt{5}$ **풀이** $d=\sqrt{(4-2)^2+(7-3)^2}=2\sqrt{5}$

70 P(2) **풀이** $\mathrm{P}=\dfrac{mx_2+nx_1}{m+n}$을 이용하면

$$\mathrm{P}=\frac{3\times6+2\times(-4)}{3+2}=\frac{18-8}{5}=2$$

71 $Q(32)$ **풀이** $Q=\dfrac{mx_2-nx_1}{m-n}$을 이용하면

$$Q=\frac{7\times7-5\times(-3)}{7-5}=\frac{64}{2}=32$$

72 G(5,6) **풀이** $\mathrm{G}=\left(\dfrac{x_1+x_2+x_3}{3},\dfrac{y_1+y_2+y_3}{3}\right)$을 이용하면

$$\mathrm{G}=\left(\frac{2+5+8}{3},\frac{1+7+10}{3}\right)=(5,6)$$

73 1 **풀이** $d=\dfrac{|ax_1+by_1+c|}{\sqrt{a^2+b^2}}$을 이용하면

$$d=\frac{|6\times(-2)+(-8)\times2+18|}{\sqrt{6^2+8^2}}=\frac{10}{10}=1$$

74 $\sqrt{10}$ **풀이** $\overline{\mathrm{AM}}$을 x로 놓고 $\overline{\mathrm{AB}}^2+\overline{\mathrm{AC}}^2=2(\overline{\mathrm{AM}}^2+\overline{\mathrm{BM}}^2)$을 이용하면 $5^2+3^2=2\{x^2+(\sqrt{7})^2\}$에서 $x=\sqrt{10}$

75 1 **풀이** 스튜어트의 정리에 따라 대입하면 $4x^2+3\times6^2=(3+4)\times(3\times4+2^2)$에서 $x=1$.

76 3 **풀이** $\frac{1}{2}|(-1)\times6+3\times8+5\times(-1)-\{3\times(-1)+5\times6+(-1)\times8\}|=3$

77 $(x-6)^2+(y-4)^2=4$ **풀이** $(x-6)^2+(y-4)^2=2^2$을 정리하면 $(x-6)^2+(y-4)^2=4$

78 6 **풀이** $n(A\cup B)=n(A)+n(B)-n(A\cap B)$에서 $n(A)=5$, $n(B)=4$, $n(A\cap B)=3$이므로 $n(A\cup B)=5+4-3=6$

80 $\{a,c\}$ **풀이** $(C\cap A)\cup(C\cap B)=C\cap(A\cup B)$이다. $C=\{a,c\}$이고, $(A\cup B)=\{a,b,c,e\}$이므로 $C\cap(A\cup B)=\{a,c\}$

81 2 **풀이** 번분수로 계산하기가 복잡하므로 $a+b\geq2\sqrt{ab}$를 이용하여 $x+\frac{1}{x}\geq2\sqrt{x\times\frac{1}{x}}=2$

82 $\frac{11}{x(x+11)}$ **풀이** $\frac{1}{x(x+1)}+\frac{1}{(x+1)(x+2)}+\cdots+\frac{1}{(x+10)(x+11)}$

$=\frac{1}{x}-\frac{1}{x+1}+\frac{1}{x+1}-\frac{1}{x+2}+\cdots+\frac{1}{x+10}-\frac{1}{x+11}=\frac{1}{x}-\frac{1}{x+11}=\frac{11}{x(x+11)}$

83 $\sqrt{3}+\sqrt{2}$ **풀이** 분모와 분자에 $\sqrt{3}+\sqrt{2}$를 곱하면

$\frac{(\sqrt{3}+\sqrt{2})}{(\sqrt{3}-\sqrt{2})(\sqrt{3}+\sqrt{2})}=\sqrt{3}+\sqrt{2}$

84 24(가지) **풀이** ${}_4P_3 = \frac{4!}{(4-3)!} = 24$

85 20(가지) **풀이** ${}_6C_3 = \frac{6!}{3!(6-3)!} = 20$

86 495(가지) **풀이** ${}_5H_8 = {}_{12}C_8 = {}_{12}C_4 = 495$

87 4 **풀이** $\log_5 625$은 5를 4제곱하면 625가 되므로 로그값은 4이다.

88 6 **풀이** (3)을 적용하여 $\log_3 81 = \log_3 3^4 = 4$,(4)를 적용하여 $5^{\log_5 2} = 2^{\log_5 5} = 2$, $\therefore \log_3 81 + 5^{\log_5 2} = 6$

89 (1) $\frac{\log_5 4}{\log_5 3}$ (2) $\frac{1}{\log_{10} 2}$

90 $\frac{3}{2}\pi$ **풀이** 비례식 $\pi : 180° = x : 270°$을 세워 풀면 $x = \frac{3}{2}\pi$

91 $\frac{\pi}{3}$ **풀이** $l = r\theta$를 이용하면 $l = 2 \times \frac{\pi}{6} = \frac{\pi}{3}$

92 2π **풀이** $S = \frac{1}{2}r^2\theta$를 이용하면 $S = \frac{1}{2} \times 4^2 \times \frac{\pi}{4} = 2\pi$

94 $\overline{BC} = 5\sqrt{3}$, $\overline{AC} = 5\sqrt{2}$ **풀이** 사인법칙에 따라 $\frac{a}{\sin 60°} = \frac{b}{\sin 45°} = 2 \times 5$로 식을 세워서 풀면 $a = 5\sqrt{3}, b = 5\sqrt{2}$이다.

95 $54\sqrt{3}$ **풀이** $S=\dfrac{na^2}{4\tan\dfrac{\pi}{n}}$을 이용하면 $S=\dfrac{6\times6^2}{4\tan\dfrac{\pi}{6}}=\dfrac{216}{4\times\dfrac{1}{\sqrt{3}}}=54\sqrt{3}$

96 $a_n=4n-6$ **풀이** $a_n=a+(n-1)d$을 이용하면 $a_n=-2+(n-1)\times4$
$=4n-6$

97 580 **풀이** $S_n=\dfrac{n(a+l)}{2}$을 이용하면 $S_{10}=\dfrac{10\times(13+103)}{2}=580$

98 $a_n=7^n$ **풀이** $a_n=ar^{n-1}$을 이용하면 $a_n=7\times7^{n-1}=7^n$

99 2046 **풀이** $S_n=\dfrac{a(r^n-1)}{r-1}$을 이용하면 $S_{10}=\dfrac{2\times(2^{10}-1)}{2-1}=2^{11}-2$

$=2046$

100 16(만 원)

풀이 단리법으로 계산하면 200(만 원)$\times(1+0.04\times10)=280$(만 원)
복리법으로 계산하면 200(만 원)$\times(1+0.04)^{10}=296$(만 원)
따라서 $296-280=16$(만 원)

참고문헌

Newton 2021년 3월호 (주)아이뉴턴

Newton 2022년 12월호 (주)아이뉴턴

누구나 수학 위르겐 브뤽 지음, 정인회 옮김, 지브레인

둥근맛 삼각함수 유키 히로시 지음, 박은희 옮김, 영림 카디널

법칙,원리,공식을 쉽게 정리한 수학 사전 와쿠이 요시유키 지음, 김정환 옮김,그린북

손안의 수학 마크 프레리 저, 남호영 옮김, 지브레인

수학용어사전 중학수학교육연구회 엮음, 박규홍 감수, 동화사

중학 수학공식 7일만에 끝내기 세즈 가즈히로 지음, 박현석 옮김,(주)살림출판사

한권으로 끝내는 수학 패트리샤 반스 스바니, 토머스 E. 스바니 공저, 오혜정 옮김, 지브레인